隨時要為
**最壞** 的狀況
做準備

Better safe
than sorry

## 【前　言】

　　從地震到海嘯，地球總是給我們開著各種玩笑，讓人類措手不及。其實麻煩的事情還不僅僅是天災，從上個世紀開始，全球的裁員行動就從未停止過，辦公室裡人們無不談「裁」色變，這也因為全球的不景氣讓這個現象更為嚴重。另外還有車禍、飛機事故、傷害、意外……

　　在大大小小層出不窮的危機面前，我們的角色似乎只能是那個可憐的受害者。因為我們無法預知未來。

　　儘管現代的科技發達，我們已經能夠透過各種手段感測到地球的變化，及時地發出警報，降低了天災人禍對人們的危害，但仍然無法抗拒災害對人類造成的損失。

　　儘管我們可以透過努力的工作和傑出的表現降低被「裁」的可能性，但仍然無法百分之百的保證不會被更優秀的員工代替。儘管我們已經規範了交通法規，降低了交通事故的發生率，但仍然不能完全保證誰不會是下一個被酒醉駕車撞倒的倒楣鬼。

　　這樣數一數，似乎危機如影隨形，我們想盡方法的躲避卻總是逃不出它的魔爪。既然危機是躲不過去的，就要想辦法將

危機所造成的損失降到最低。這可是每個人都能竭盡全力做到的。

要知道，在危機來臨或發生時，對人類最大的傷害往往不是物質上的損失，而是精神上的打擊——在面對突發危機的時候，由於我們心理並沒任何準備，當被「災難」當頭一棒打來的時候，我想每個人都會瞬間傻眼愣在那，且無法及時地做出反應，而這恰恰是對我們最大的威脅。

如何在危機出現時保持冷靜迅速判斷？如何走在危機前面做到防患於未然？如何能夠做好萬全的準備？怎樣在與危機作戰時打個漂亮的大勝仗？這不僅僅應當是危機過後的反思，更應當是日常生活中必須考慮的問題，成為每個人的必修課。

與危機作戰，最最重要的就是建設牢固的心理防線，擁有危機意識。在危機面前如何穩如泰山，快速找到出路；在捉迷藏的遊戲中，如何躲避危機。危機其實並不可怕，可怕的是天真地毫無防範。

想知道怎樣防範危機，怎樣躲避危機，怎樣成為將危機玩弄於股掌之間的危機處理高手嗎？那麼就馬上閱讀下面的內容吧！

**Better safe than sorry**

# 第一章

# 危機，無所不在

# 第二章

# 防患未然 VS 亡羊補牢

## 第三章

# 站在危機的背後

## 第四章

# 方法其實有很多

Better safe than sorry

# 第五章

## 執行決定勝敗

# 第六章

## 聰明人不會一錯再錯

# CHAPTER ①

# 危機，
# 無所不在

如果你覺得危機離自己很遠，那麼很明白的說明了，你基本上已經處於危機的包圍之中。

危機之所以能給我們帶來各式各樣的傷害，就是因為它的潛在性。就像小偷不會告訴你自己是小偷一樣，危機這傢伙也永遠不會站在你的面前讓你有充分的時間作好應對準備。它只會陰險地藏在你的身後，伺機捅上一刀。 所以，防範危機的基礎，就是把它當作無處不在的空氣一樣對待。

# 1.
# 你有沒有危機意識

我們所面臨的危機，可能是天災，更可能來自於同樣擁有高等智慧的同類甚至有可能是自己。

在自然界中有一條定律叫做「適者生存」，這也是各種生物，包括人類能夠進化到今天這種狀態的重要依據。在大部分動物的本性中，都擁有「時刻警惕」這樣一種特質。狼就是其中的代表。

由於狼群生活在食物鏈的中端，牠們既要捕食獵物，也要防止被猛獸或人類捕殺，因此幾乎每天都要在危機中度過。據說85％～99％的野狼都沒辦法自然終老，所以對於那些能夠生

## 危機，無所不在

○○○○○○○○○○○○○○○○○○○

存數年的老狼來說，牠們也具有足夠強大的危機意識。

關於狼的智慧，我們可以從很多小說、雜誌上看到不少。據說，牠們如果在人類居住地附近找到牲畜的屍體時，會先找來石頭一類的物體，遠遠地仍在屍體周圍，以確認人類是否有在那裡設下什麼陷阱。即便沒有陷阱，牠們也不會急於進食，而是要花費極大的時間憑藉比狗還靈敏的嗅覺去仔細聞遍整個屍體，看有沒有被人類下藥。只有確定真正無毒無害以後，這些狼才會放心的去撕咬美食。

而當牠們吃東西的時候，不僅隨時保持足夠的警惕，也會比其他大型食肉動物吃得更快一些，目的就是儘量縮短進食時間，減少危險的發生機率。

對於狼來說，沒有危機意識就意味著「殺機」，只有時刻保持警惕，才能夠活得長久。

這條定律不僅適用於動物，在人類的社會生活中同樣是一條真理。儘管現在很少會出現人類的自然天敵，人們不必擔心下一刻會不會遭到某種動物的襲擊。但是，身為人類，我們所遭遇危險的可能性，恐怕並不比動物們低多少。因為我們所面臨的危機，可能是天災，更可能來自於同樣擁有高等智慧的同類甚至有可能是自己。

　　一個原本經營狀況不錯的公司在一時大意之下陷入了債務危機之後，不得不宣佈倒閉；一位很有能力的職員，受到同事排擠被公司炒掉；一位身體健康的人，無意中吃到有毒的菜而住進醫院⋯⋯

　　生活中，類似的事情並不少見。正所謂兵敗如山倒，一個並不起眼的危機，可能引發連鎖反應令人難以想像的。剛剛離開微軟總裁職務的比爾・蓋茲說過：「微軟離破產永遠只有十八個月」。或許，正是這一種危機意識，反倒成全了微軟帝國的建立。

　　換個角度，即便是富可敵國的微軟，都不得不抱有這樣一種危機意識的話，那麼身為更加弱小的我們，又豈能天真的以為危機離自己很遠呢？

　　古人告訴我們，小心駛得萬年船。亦步亦趨的危機意識或許會被很多人嗤之以鼻，但毫無疑問的是謹慎的人可以活得安穩。謹慎的公司，可以如同涓涓細流長久存在。相反，那些缺乏危機意識的個體、企業、甚至國家，可能在短暫的輝煌之後，卻如同曇花一現一般，被不起眼的危機給毀了。

　　當年俄國在彼得大帝的引導下，國力得到的跳躍性的發展，一舉成為世界強國，其中一個重要的原因便是彼得大帝有

## 危機，無所不在

○○○○○○○○○○○○○○○○○○○○○

特別強烈的危機意識。他始終覺得，自己如果不發展，就會被其他國家吞併。可惜的是，彼得大帝之後的繼任皇帝都安於現狀，毫無憂慮。正所謂人無遠慮，必有近憂。危機意識的淡薄，讓俄國失去了強大的地位，難以再次崛起。

危機意識，可以說是克服危機的第一道屏障。試想，假若我們連可能危機發生的可能性都不信，又如何說服自己做好準備抵抗危機呢？

所以，在這個危機似伏的年代，在每個人都「心懷鬼胎」躲避危機的環境中，如果你還一點兒危機意識都沒有，那恐怕連上帝也幫不了你了。

### ✦ 實戰練習：你有危機意識嗎？

你和朋友外出旅遊，如果讓你選擇下面幾個地方作為自己午餐的地點，你會選擇？

A・農舍旁

B・河邊

C・山腳下

D・很大的樹蔭下

### ✦ 危機評估：

♥ 選擇 A

農舍具有家的屬性，裡面各式各樣的應急工具都會比較齊全，一旦發生危機，可以立刻找到解決辦法。如果選擇該選項，說明你的潛意識裡是有著足夠強的危機意識的。

♥ 選擇 B

河邊是最容易發生危險的地方。水位上漲、失足落水以及水裡可能存在的危險生物……如果選擇該選項，說明你幾乎毫無危機意識，即便有人提醒也毫無用處，只有當危機真正出現的時候，才知道恍然醒悟，不過這時基本上已經晚了。

♥ 選擇 C

山腳下的安全性相對較高，如果發生意外，可以奪路而逃。選擇這一選項，說明你在潛意識裡也有足夠的危機意識。不過，如果控制不好，可能會引發悲觀情緒，認為什麼事都有危險，都不願去做。這似乎也有些違背了危機意識的初衷了。

♥ 選擇 D

樹蔭下很舒適涼爽，但難保不會有什麼蟲子之類的東西掉下來。選擇該選項，說明你有危機意識但不夠強。遇到突發事件，還是會有些措手不及。因次需要再加強一些自己對周圍環境的警惕。這樣就有備無患了！

## 危機，無所不在

# 2.
# 天災還是人禍？
# 這不重要

因為任何危機，都是透過人禍產生的，降低了人禍，就降低了天災出現後的損失。

五百萬！因為一場午後雷陣雨，一車價值五百萬的電子零件就這樣報銷了。

望著怒氣衝衝前來索賠的客戶，運輸公司老闆邱先生覺得很委屈——老天下不下雨又不是自己能控制的。這屬於天災，既然是天災，為什麼損失要讓自己來承擔呢？

面對這個理由，客戶當然不能接受。畢竟合約裡面對於天災的定義，局限於戰爭、地震、火山爆發等難得一見的危機情形，並不包括風雨雪霧這些常見自然現象。這場事故，顯然屬於人禍。是運輸公司員工的不當處置造成的，他們任由雨水打濕了貨物，理所當然該由他們承擔責任。

雙方僵持不下，鬧上了法院，法官裁定的結果，則是由邱先生一方負全部責任，按照運輸合約上的要求進行等價賠償。

這件糾紛的焦點，是貨物被雨水打濕，算天災還是人禍。如果定義是人禍，那麼委託運輸的科技公司則可以獲得最高額度的賠償金額。所以，這種爭論對於他們而言，有很大的意義。

可是對於邱先生一方而言，下雨打濕貨物究竟是天災還是人禍的爭論，就顯得沒什麼必要了。因為結果是一定的──貨物是在他們的手中報廢掉的，無論怎樣，他們都必須作出賠償。

其實，邱先生的公司可以完全避免這場危機，如果他事先考慮到下雨的問題，把貨車進行防水改裝，或者事先在貨物的周圍包裹上一層防水塑膠，那麼他就一分錢都不用賠給客戶了。

討論一個危機屬於天災還是人禍的意義並不大。因為理想的結果不是少賠償，而是要杜絕危機的產生。不要以為把責任推卸給天災就可以了，因為天災之所以能產生根本性的傷害，

## 危機，無所不在

多半是借助於人禍造成的。

比如地震，這算得上是典型的天災了。遭遇能量如此巨大的災難，似乎死亡和損失是必然的。然而，在 2008 年大陸地區經歷的那場大地震中，處於震央地區的房屋雖然大部分都跨塌了，可是仍有不少還頑強地站在那裡。這些沒垮的房屋，讓在其中居住工作的人們保住了性命。同樣，處於震央的某小學，由於校長堅持每學期都要進行緊急疏散訓練，當地震發生的時候，全體師生在 1 分鐘內全部疏散到了安全地帶，在別的學校死傷無數的情況下，他們成為了唯一的一間無傷亡學校。這又是不是天災呢？

同在一個地區的公司、學校，為什麼有的損失慘重，樓房垮塌，人員死傷；有的卻財產人員安然無恙？究其原因，大概可以歸為兩點：一來建築品質過關，可以經受地震的摧殘；二來人員自救意識強大，能在短時間內做出正確判斷，逃離危險地帶。無論哪個原因，都是人在起主導作用。

既然任何危機的最終執行者都是人，那麼把責任推到「天災」上，就未免有些太牽強了——我們的目標，是預防和解決危機，而不是推卸責任。

## ◆ 實戰練習：我們可以避免哪些人禍？

到目前為止，人們的科技還沒有發展到可以完全避免甚至戰勝「天災」的地步。但我們卻能避免「人禍」，因為任何危機，都是透過人禍產生的，降低了人禍，就降低了天災出現後的損失。那麼，究竟哪些人禍，可能會導致危機的產生，必須避免呢？

### ♠ 制度混亂

制度，是社會和企業正常運轉的根本。人總是喜歡偷懶的，就算是老闆吩咐的事情，屬下都不見得能夠努力做好，何況他想不到的事情。這種上司沒想到，屬下不知道的情況，就是危機的最大來源。制度的作用，就是讓每個人知道自己應該做什麼事情。

一份出色的制度，可以讓每件事情，都能找到相對應的負責人。比如，邱先生運輸公司的制度裡，如果確定了運輸貨物的人，需要考慮到貨物的防潮、防凍、防撞擊等因素，則可以從根本上讓負責運輸的員工明白自己的職責與責任，降低危機發生的可能性。

## 危機，無所不在

○○○○○○○○○○○○○○○○○○○○

### ♠ 缺乏有效的執行機制

制度明確了，並不意味著屬下一定會照章辦事。讓他們按照規定執行規章裡的條款，必須有監督機制的介入。例如，準時上下班是企業最基礎的制度之一，可是如果缺少監督機制，很難有人能夠天天遵守。而這個監督機制，就是打卡或簽到。有了監督，屬下們就不會再對制度置若罔聞了。

### ♠ 缺少必要的安全資金

樓房若要蓋的堅固，必須購買合格材料；若要讓屬下懂得規避風險的技巧，必須進行專業培訓；想保證運輸貨物的安全，運輸工具必須經常檢查維修……這些都需要資金的投入。

有人為了省錢，便放棄了這部分必投入。於是，樓房成為了豆腐渣、屬下在遭遇危機時亂作一團、運輸車在路上拋錨甚至翻車。這到底是天災還是人禍？麻煩一旦出現，恐怕辛辛苦苦省下的這點錢，連危機的牙縫都塞不滿！

### ♠ 對風險沒有必要的預知

這不光涉及到預測學，還涉及到機率學。因為任何一種危機，都可能隨時出現。我們的精力有限，不可能面面俱到。所以只能用最大的力量去應付最有可能出現的危機。

比如服務業，出現投訴的機率最大，那麼必須耗費較大的

精力建立一套應對投訴的處理辦法；食品行業，出現食品安全的機率最大，那麼必須在安全檢測上多下功夫；需要大量資金周轉的企業，必須集中精力設計防止資金斷流的措施；投資類行業，則需要在投資風險評估上花費最大力氣⋯⋯

把精力集中於最可能出現的危機，除此之外，適當耗費一些注意力在其他容易預防的危機上，才能最有效地避免人禍出現。

Better safe
than sorry

## 危機，無所不在

○○○○○○○○○○○○○○○○○○

# 3.
# 有人的地方，就有麻煩

　　只要是人，就有可能發生問題，只要有人，就有可能發生錯誤。

　　無論你是否真的如此認為，我們都在試圖告訴你一種觀點──危機無所不在！你的公司，可能會出現諸如管理不善、人才流失、資金缺口、客戶債務、成本上升等大大小小的危機。

　　你的投資，可能會遭遇資訊錯誤而導致的財務危機、被投資方管理不善導致的虧損危機、政府法令導致行業的衰退危機。

　　你的工作，可能會遭遇資料錯誤導致預測不準確、電腦故障導致工作全部流失、同事陷害等危機。

在日常生活中，可能會遭遇摔跤、車禍、偷盜、火災、地震等危機。甚至你吃飯喝水的時候，都可能遇到魚刺卡喉、水質污染的危機……危險，真的無處不在！

當然，只知道危機隨時存在，卻不知道它來自於哪裡，就像我們知道問題總有解決方法，卻依然無從下手一樣毫無用處。

其實正如前面提到，危機的來源雖然各有不同，可是它們的執行者卻都是一個群體──人。有人的地方，就有麻煩！

不妨想一下，剛才我們能想到的所有危機，不都是人造成的嗎？別說是火災了，就連地震這樣「真正」天災，如果沒有那些無天良的建商、沒有危機意識的官員「從中謀利」，其造成的威脅也會少上許多。

所以，無論針對怎樣的危機進行防範，其最根本的條規就是──看住你身邊的所有人──包括你自己！

麥總的廣告公司一直以來運行都十分良好，拋開影視器材的設備租賃和其他各項成本投入，每個月收益一直穩定維持在100萬美金的水準上。內部管理上，雖然部門繁多，可是大家按部就班，在銜接上倒也沒出過什麼大問題；對外關係上，跟幾家攝影器材供應商的關係十分穩定，每次都能拿到低於10％左右的價格；客戶那邊，由於合作穩定，拖欠製作費用的情況

## 危機，無所不在

○○○○○○○○○○○○○○○○○○○○

也不多。整體而言，公司一切都很正常，甚至可以說是運轉相當順暢。

這個月，麥總從美國學習數年財務知識的兒子畢業回國了。為了讓他將來能在自己退休的時候順利接手公司，麥總決定派他先到財務部門擔任基礎職務。一來財務部門是整個公司的核心，可以熟悉公司每個的運轉環節，二來兒子是財經專業的高材生，從這裡開始工作，一定能更加順利融入公司。不過，為了讓兒子得到鍛鍊，麥總要求他不能說出自己的身分，必須以一個普通員工的身分透過招聘進入財務部。

出色學校和傲人的成績，讓小麥很順利地成為了財務總監的助理，開始了在父親公司裡的工作。

然而，工作了幾個月後，小麥發現，公司的運轉情況，似乎並不像父親認為得那樣完美無缺，事實上，公司面臨的問題層出不窮。

且不說部門之間派系分壘爭權奪利，就連成本控制上，都有不少問題──小麥發現，公司從這幾家攝影器材商那裡進購的器材，雖然比市面上的價格低 10%，但是還有蠻大的空間。因為市面價格灌水很多，他從自己一些熟悉這行的朋友那裡得知，一般來說，器材價格的空間幅度甚至能達到 30% 左右。此

外，他發現財務總監那裡也有問題：他似乎跟那些出售器材的公司走得很近。

雖然財務部門的確要跟他們打交道，可是雙方的關係似乎好得有些不正常了。而且，小麥幾次跟總監說，有的攝影器材商開出的報價更低可以考慮，總監總是找各種藉口予以拒絕。這讓他更加覺得，財務總監似乎在有意維護這幾家供應商。

莫非，總監和他們達成了協定，從這幾家器材商那裡固定採購，然後換取回扣？小麥越想越覺得有可能。透過暗自調查，果然發現總監確實有收回扣，而且數目不小。他立刻把資料整理好了呈交給父親。

看著真實完整的資料，麥總簡直不敢相信，這個跟了自己多年，自己再信任不過的老部下，竟然會暗中謀取了公司這麼巨額的財務。考慮在三，麥總最終把資料呈報給了董事會，董事會做出了開除財務總監的決定，並任命小麥接替該職務。小麥上任後，立刻更換了供應商，馬上給公司節省了30%的支出。

人心性是貪婪的，所以，無論是對別人還是對自己，只要是人，就有可能發生問題，只要有人，就有可能發生錯誤。所以一定不能絕對信任！人要架構在完整的制度下及合理的監督系統之中，否則，就是在縱容危機的出現。

## 危機，無所不在

○ ○ ○ ○ ○ ○ ○ ○ ○ ○ ○ ○ ○ ○ ○ ○ ○ ○ ○ ○

### ✦ 實戰練習：你是個容易相信別人的人嗎？

樹上結滿了果實，但是一個人卻要砍掉這棵樹。這時，身為守護這棵樹的魔法師，你會怎樣做？

A‧ 變出一大堆果實，砸向那個砍樹人。

B‧ 施展魔法，把他掛在樹上。

C‧ 裝作很友善的樣子，騙那人喝下一碗毒藥。

### ✦ 答案分析：

#### ♥ 選擇 A

選擇該選項說明你對於損害自己利益的人有一定的制裁心態。這樣的人很機警，而且也擅長於分析周圍人的動機，一般來說，除非那人跟你有著長時間的聯繫和溝通，讓你覺得自己已經 100％的瞭解，否則你很難信任某個人。相對應地，你被周圍人欺騙並且由此產生危機的可能性也較小。

但是，如果那個人就是你最信任的那位，就像麥總對老部下的信任一樣，恐怕就比較危險了。

信任指數：★★★

♥ 選擇 B

選擇該選項，說明你心軟。因為掛在樹上，只能暫時阻止他的危害行動，並不能根除。你覺得，適當的懲罰就可以消除對方危害自己的想法。這足以證明你是個特別容易相信對方的人。「疑人不用，用人不疑」是你的座右銘。可是別忘了，疑人不用，並不代表你可以放任自流。否則，最終身邊的人一定會給你帶來前所未有的危機。

信任指數：★★★★☆

♥ 選擇 C

給對方喝下毒藥，就是徹底讓他失去威脅。這說明你容不得任何欺騙和傷害，同樣，你對於別人的信任程度也超低。甚至連最親近的人，也保留 9 成，不會全盤托出。

不信任，並不代表會受到別人的質疑。因為這類人當中，最聰明的那一群會在自己對對方保持懷疑態度的同時，又裝出一幅很信任的樣子。讓對方察覺不到自己的真實想法。如此，不僅不會傷害周圍的人，也完全避免了危機的產生。

信任指數：★☆

## 危機，無所不在

○○○○○○○○○○○○○○○○○○

# 4.
# 危機很容易擴散

危機的最大特性就是擴散。如果你覺得它只會搔擾別人而不聞不問，那群最終受到傷害的人中恐怕也有你。

大山背後住著兩戶人，一家姓王，一家姓李。其中，姓李的這家人崇尚「自掃門前雪」的自我保障理論，覺得只要管好自己的事情，一切就都會平平安安。

一天，王姓這家外出訪友去了，要好幾天才能回來。臨走的時候，告訴鄰居幫忙看一下房子。李氏雖然口口聲聲答應說好，但心理完全沒有想幫鄰居照顧房子的想法。

白天天氣晴朗，一切平安無事，到了當天晚上，天氣卻變

糟了，外面雷聲大作，狂風呼嘯。突然，一道閃電劃過夜空，劈在了王家院子的草叢上，瞬間草叢燃起了熊熊大火。李氏的兒子發現了火勢，立刻把情況告訴了父親，問他要不要去救火。

父親顯然也看到了鄰居院子裡燃起的火光，可是他卻平靜地對兒子說：「不要去，去了只會讓你自己被火燒到。這是別人的問題，別讓它轉嫁到你自己身上。」

「可是……」兒子還想說些什麼，可是看到父親的表情，只能閉嘴，乖乖地回了房間。

屋外狂風呼嘯，隔壁院子裡的火勢借著風勢越竄越高。一家人剛剛躺下休息不久，火焰就順著風，燃燒到了李家的院子裡，並很快燒著了房屋上的茅草。儘管李氏一家最終逃離了火海，可是整棟房子卻付諸一炬。

如果你覺得自己只要管好自己，就可以保證不受危機的傷害，那你就錯了！舉個很簡單的例子——你可能正在人行道上輕鬆地散步，卻被一輛衝上路肩的汽車給撞倒。顯然，你管好了自己，卻依舊抵擋不住危機的出現。因為，危機的製造者，可能是你身邊任何一個人。所以，你有責任在自己力所能及地範圍內幫助別人擺脫危機，因為這也是在幫助你自己。

梅萊任職的公司遭遇了一場危機——深陷龐大債務當中、

## 危機，無所不在

○○○○○○○○○○○○○○○○○○

銀行貸款日期逼近、苦心開發的產品在市場上反映平平……

　　為了擺脫危機，老闆每天忙裡忙外，甚至親自披掛上陣聯繫客戶，爭取打開市場銷售管道。身為助理的梅萊也主動要求外出跑業務。她和銷售部經理一樣，每天都要在外面約見客戶，晚上還要趕回公司處理自己的工作，總是忙到深夜才能回家。

　　要好的同事見梅萊這麼拼命，好心勸她別管那麼多了，畢竟公司是老闆的公司，面臨的危機，也是他們中高層管理者需要考慮的問題。雖然身為助理，等級卻只比普通員工高一級而已，幹嘛那麼拼命。

　　對於同事的好心勸告，梅萊並沒有聽從。她喜歡這份工作，也滿意公司的工作環境和待遇，更重要的是，老闆器重自己，如果跟著他，將來一定還有更大的發展空間。而一旦公司徹底垮掉，對自己而言一切將要重頭開始，這也是一大損失。

　　幸運的是，在他們的共同努力下，新產品的優點逐漸受到市場的認同。幾家大企業也決定砸錢投資。借助這些資金投資合約，公司說服了銀行延長貸款期限，危機就暫時化解了。

　　而這場危機過後，公司做出了重大的人事調整，為了壓縮成本，一些在危機中沒有出力的閒職人員被很快開除，那些付出勞力的員工則被加薪升職，梅萊也被提升為了公司總經理。

　　沒錯，公司的決策確實是老闆才應該關心的問題，可是這並不代表它面臨的危機就與普通員工毫無關係。最簡單的一個道理就是——如果公司收益降低了，你還指望自己的薪資能往上漲嗎？

　　危機的最大特性就是擴散。這個惱人的傢伙可不會乖乖地呆在原地，如果你覺得它只會搔擾別人而不聞不問，那群最終受到傷害的人中恐怕也有你。就像美國的次貸風暴造成的金融危機，彌漫到了全世界一樣。在這個全球化的時代，你永遠不可能獨善其身，置身事外。

　　所以，請別總是抱著「事不關己，關我屁事」的態度。因為，別人的小問題，說不定就是你的大危機。

### ◆ 實戰練習：別人的危機，你可以做什麼？

　　當然，並不是所有的危機，都是你可以應付得來的。尤其是當危機發生在別人身上的時候。那麼，你應該怎樣做，才能在危機的時候也能保護自己的安全呢？

## 危機，無所不在

○○○○○○○○○○○○○○○○○○○○

| 「別人」的危機 | 你可以做什麼？ | 避免的損失 |
|---|---|---|
| 公司財務陷入危機 | 更加積極尋找客戶，儘管不是你的本職工作 | 避免公司倒閉，或者自己被裁員 |
| 公司合夥人逃漏稅或有不法勾當 | 迫使他改正，或者你撤出投資 | 避免事情敗露自己被牽連 |
| 公車上看到小偷 | 悄悄報警，或者轉告司機，請他提醒乘客 | 避免被小偷報復，或者成為小偷的下一個目標 |
| 看到附近的工廠著火了 | 立刻向消防隊求救，同時組織人員滅火 | 避免火災蔓延到自己的居住區，或者工廠廢料污染 |

　　總之，危機很容易擴散，唯有從自己開始動作才有可能扭轉局面，這道理其實與「蝴蝶效應」的理論也很相似，所以可能只要心理的一個小念頭，就有可能改變一個大危機的發生也說不定。

# 5.
# 僥倖心理造成了危機

　　每個人都或多或少的有時候都會抱著僥倖的心理。當我們想偷懶走捷徑時，當我們想逃避責任時，當我們沒自信想憑運氣一搏時。

　　2006 年 6 月，在某公司舉行的一次會議上，一台戴爾筆記型電腦突然著火。

　　很快著火的原因被公開，是由日本新力公司生產的電池不合格而引起的。這在世界上引起了轟動並高度關注。

　　但此時，日本新力公司對此卻發表言論，說這是一場意外，不是公司本身引起的問題。並對這場事故不採取任何行動。

## 危機，無所不在

○ ○ ○ ○ ○ ○ ○ ○ ○ ○ ○ ○ ○ ○ ○ ○ ○ ○

　　而7月一款LG筆記電腦的電池在休眠模式下發生了爆炸；
9月在美國機場聯想一款筆記電腦冒煙並爆出大量火花……災
難還在持續中。

　　8月，戴爾首先宣佈召回410萬個可能引起火災的筆記型
電腦的電池。美國消費者產品安全委員會宣稱，這是消費電子
產品領域迄今為止最大規模的召回行動。

　　此後，蘋果、聯想、IBM、東芝、富士通等品牌的筆記型
電腦廠商宣佈回收由新力公司提供的電池。並對其電池進行全
球的安全性檢測。

　　隨後新力在東京舉行記者會，承認了自己的錯誤，並表示
開始回收1000萬個電池。年底，新力為這些電池總共支付了
4.44億美元，但造成的名譽和無形的損失卻是無法用金錢來衡
量的。

　　那為什麼會發生這樣嚴重的後果呢？這主要是新力公司對
這件事情的認識不夠，存在僥倖心理，他們總是認為這是一場
意外，是生產了這麼多安全產品中的例外，是不可能再發生的。
同時他們忽視了使用者對此的意見和反映，因而導致了無法估
算的損失。

　　其實這樣的事情在我們生活中屢見不鮮，每個人都或多或

少的有時候都會抱著僥倖的心理。當我們想偷懶走捷徑時，當我們想逃避責任時，當我們不自信想憑運氣一搏時，這種心理對我們如影隨行。

貪官的出現源於僥倖心理。每個人都有貪欲，但正是出於「誰都貪，怎麼可能只有我被發現，只要我處理好上下的關係，行事嚴密，就沒有問題了」的想法，有的人的膽子才變的越來越大，最終仍逃不了法律的制裁。

家庭婚姻問題的出現源於僥倖心理。每個人都想做到左擁右抱左右逢源，卻想不到真象大白時已經妻離子散，悔不當初。

車禍的發生源於僥倖心理。當他們自信滿滿的認為，「我技術好，開快點沒事；我酒量好，喝一點沒關係」時，危險就在他們身邊。

那怎樣才能避免這樣的問題再度發生呢？這就要看看我們應該怎樣看清僥倖心理，並避免它的出現和發生：

首先，當我們在想著「可能、也許、大概、萬一……」之類的詞語時，一定要發現它就是僥倖心理，就是危機的根源，是我們最大的敵人。

然後，調整好自己的心態，認清自己現在所處的環境，發現危機，從而遏制它，避免危機的產生和出現。

## 危機，無所不在

○○○○○○○○○○○○○○○○○○○

　　最後，當危機出現後，也不要一味的認為與你無關，不去解決。或者，認為危機是可以讓開的，不去面對它，這些都是錯誤的。只有認清自己的目標方向，腳踏實地，一步一個腳印才能取得成功。

#### ◆ 實戰練習：你是一個存在僥倖心理的人嗎？

　　如果你有一天很晚回家卻已經沒有公車可以回家了，你會選擇怎麼做？

　　A‧厚著臉皮打電話請朋友來載你

　　B‧坐計程車回家

　　C‧留在原地，說不定會有認識的人經過

　　D‧乾脆找個夜店，天亮再回去算了

#### ◆ 危機評估：

#### ♥ A——存在僥倖心理 40%

　　當你碰到事情卻沒有能力解決時，容易異想天開。說好聽點是創新大膽，說難聽只能算是下大注碰運氣。尤其反映在跟你沒多大厲害關係的事物上，你不想思考解決問題，只想得到別人的幫助。

**♥ B——存在僥倖心理 50%**

你是一個保守的人，有自己的一套待人處世的方法。同樣當問題出現時總是會認為自己的方法是可以的，行的通的，卻在不知不覺中犯下錯誤。

**♥ C——存在僥倖心理 90%**

你是認為天上會掉下禮物的人。遇到任何事情都希望不勞而獲

**♥ D——存在僥倖心理 20%**

你從來就對不太可能發生的事情不抱有太大的希望，相信自己只有透過努力才能成功。

# CHAPTER ②

# 防患未然 VS 亡羊補牢

如果你還在信奉「亡羊補牢」或者「知錯能改」這一類的做法，並且認為這是奉行不備原則的話，那表明你基本上已經離現實很遠了。這是一個危機四伏的年代，如果等著發現錯誤再改，似乎就有些遲了。 競爭激烈，社會環境千變萬化，任何一點點的失誤都可能導致不可挽回的事故，而網路的快速發展，使得任何一個雞毛蒜皮的小事都會被廣為流傳，甚至被以訛傳訛的演化成重大的危機。

與其坐以待斃的等待危機發生，然後再去解決的話，不如主動發現問題、模擬危機，防患於未然，將危機扼殺在搖籃之中。

# 1.
# 把梯子橫著放

　　人們又常常抱著僥倖的態度認為這樣倒楣的事「應該」不會發生在自己身上。

　　一家人把梯子立在了門口，周圍的鄰居看了都很擔心，如果小孩子在玩耍的時候不注意，很容易碰到梯子，而立著的梯子就會很容易倒下，這樣孩子們就有被砸傷的危險。

　　於是幾個鄰居來到梯子的主人家，希望他們能把梯子換個安全的地方，或者把梯子橫著放過來。沒想到這家人完全沒有在意，還反駁道，「如果怕傷到孩子，那你們大人就該小心些，一個梯子都成了危險，那馬路上的汽車不就成了致命武器？難

## 防患未然 VS 亡羊補牢

○○○○○○○○○○○○○○○○○○○○○

道你會讓汽車都繞路走？再說，把梯子橫著放哪有那麼多地方啊，到時候是擋著你家的門好還是擋著我家的門好呢？」

在建議失敗之後，鄰居們只能更加注意小孩子的安全以防止發生被梯子砸到的意外。

儘管鄰居們再三叮囑和看管，還是沒能阻止意外的發生，一個小朋友在玩耍的時候一邊跑一邊回頭看其他的小朋友，結果撞到了立著的梯子上，儘管這個小朋友躲避的及時，倒下來的梯子沒有直接砸到他，但還是被刮傷了腿。

正當大家都在詢問這是誰家的小孩時，梯子的主人循聲出來，原來，這個被刮傷的小孩就是他家的孩子。

儘管沒有造成多大的傷害，劃破的傷口也很快癒合，而且沒有留下任何疤痕，但這次的事件卻給梯子的主人很大的教訓。如果他能夠聽從鄰居們的建議，早早地把梯子換到安全的地方放置，或者把梯子橫著放，就會避免自己家的小孩受傷的發生。

梯子本來是人們攀登高處工具，結果卻成為傷人的兇手，這一切的根源都來自於主人的安全意識不夠強，這就如同亡羊補牢的故事，等到受到了傷害得到了壞的結果之後，才知道自己不應該那樣做。

這樣的人常常是抱著冒險的心態，認為這樣壞的結果發生

的機率非常小，因此自己也不必為此大費周章。但他們卻從沒想過，壞結果的發生機率不高，但是一旦發生就會造成嚴重的後果。

只要看準了沒有車就不必等到綠燈再穿越馬路，儘管這樣看似安全，被撞倒的危險也是低之又低，但就算有千分之一、萬分之一的機率被撞倒了，結果怎樣呢？輕者流血受傷，重者可能失去生命。在道理面前，誰都知道不應該用生命去冒這個險，但真得面對這樣的情況時，人們又常常抱著僥倖的態度認為這樣的事「應該」不會發生在自己身上。

這就好像故事中梯子的主人一樣，他並不是不懂得立著的梯子會倒下並有砸傷人的可能，但是他認為這樣倒楣的事「應該」不會發生在自己和家人的身上，而發生在別人身上他又覺得不關痛癢，所以便降低了安全意識，不把它當成一回事了。

幾乎每個人都認為危機是一件恐怖的事情，他可能危及到人類的健康和生命，比如疾病或者各式各樣的意外事件；也可能讓人失去一切財富或者重要的事物，比如經濟危機。所以人們對於危機本身都能夠認真對待。

但危機的來臨總是有著預兆的，有些預兆就如同下雨前颳著大風那樣明顯，而有些預兆則是悄無聲息的。所以，我們不

## 防患未然 VS 亡羊補牢

○○○○○○○○○○○○○○○○○○

能夠不提起精神，做好萬全的準備，防患於未然。即使在沒有預兆的時候，也要對危機加以防範。

### ✦ 實戰練習：不同的梯子應該怎樣橫著放

#### ♠ 1. 健康

健康是人類的第一把梯子，也是最基本的梯子，如果一個人失去了健康，就用不著去談什麼工作、愛情和生活了，所以要時刻關心自己的健康。

關注健康並不是在生病的時候去看醫生，有些時候身體處在亞健康狀態，並且這種狀態正在不知不覺地把你漸漸帶到不健康中去，所以，定期的身體檢查、合理的飲食習慣以及適量的運動都是把梯子橫著放好的重要環節。

#### ♠ 2. 職業生涯

大部分人都需要工作以維持生活所需，但是現在擁有一份衣食無憂的工作並不代表將來不會失業，尤其當經濟不景氣的時候，就更能夠凸現工作能力的重要性。即使你可以透過「言辭」來打動老闆，或用其他高招來保住自己的工作，但追根究底，工作能力才是永恆不變而且永遠不會被取代的標準。

所以，要想穩保一份工作，或者即使在經濟形勢不好的情

況下依然能夠高枕無憂，提高自己的工作能力是最好的方法。

### ♠ 3. 人際關係

人際關係就好像一道橋梁，好的人際關係能夠讓你生活、工作更加順遂，而差的人際關係則可能讓你無緣無故的成為緋聞的主角、裁員的對象……，這樣的危機看上去無關大雅，沒有身體上的傷害，就算丟了工作也可能再找到更好的，但由始至終，它都會成為給你不斷帶來危機的重要因素。所以，與其無緣無故的招致傷害，還不如好好的經營這份關係。

防患未然 VS 亡羊補牢

# 2.
# 花錢買藥，不如繫上安全帶

如果當時沒有……，現在就不會……。

行車時要注意安全，無論是司機還是乘客，繫上安全帶都是最基本的要求，至於對司機的約束就更多了。這樣做是不是多餘的呢？

有些人會說「我開了幾十年的車，從來沒發生過任何意外，就連汽車被刮花的情況都沒有發生過，像我這樣的『老手』，是根本用不著繫安全帶的，那東西對我來說就是多餘。」

　　而大部分因為違反交通規則，結果造成人員傷亡的人，都會悔不該當初，「如果當時繫上安全帶，就不會……」、「如果當時沒有闖紅燈，就不會……」等等「如果再給我一次機會」之類的話便會一直盤旋在他們的腦海裡。

　　沒有發生意外時，每個人都認為自己的技術高，或者開車很小心。意外是每個人都不想的，但卻是無法阻止的，尤其是那些由別人帶來的意外。所以當這些可怕的危機不可避免的發生時，花錢買藥就成了必然。花錢買藥還是小事，身體和心理上帶來的傷害則是永遠無法消除的。

　　所以，與其抱著僥倖的心理，還不如繫上安全帶，從最基本的方面來預防危機的發生。

　　可以說，危機不分大小，它會時時刻刻出現在人們身邊。也許你不曾經歷大型天災的損傷，也沒有意外的傷害來騷擾，但總會面臨到一些小小的危機，例如失業。

　　瑪利亞總感覺很知足，因為在她的人生中，充滿了「順利」二字，不論是順利的升學過程，還是找到大公司的輕鬆經驗，都讓她覺得什麼事都是一帆風順的。正因為如此，她覺得自己沒有什麼可擔心的，反正上天總是眷顧著她。

　　但是瑪利亞錯了，上天是眷顧那些有準備的人。她之所以

## 防患未然 VS 亡羊補牢

○○○○○○○○○○○○○○○○○○○○○

升學順利，是因為本身聰明又能夠循規蹈矩的認真學習，所以
對付任何考試她幾乎都能信手拈來，升學自然沒什麼困難；她
之所以能夠找到大公司工作，也是因為在學校期間，成績突出，
並且有很多活動經驗。而這一切在瑪利亞看來卻成了上天的眷
顧。

於是在工作之後，除了安安分分的工作之外，瑪利亞沒有
再勉強自己學習其他的東西。可是經濟危機誰都躲避不了，瑪
利亞這次並沒有得到上天的青睞，也被公司裁掉了，並不是她
的工作能力不強，實在是有很多比她經驗豐富又多才多藝的人
了。

丟了工作，瑪利亞突然間迷失了方向，從來沒想過自己會
遇到這樣的打擊，本來應該著手去找新的工作，可是她卻固執
在自己為什麼沒能留下這個問題上。

可見，瑪利亞是一個毫無危機意識的人，她從來沒想過自
己會有失業的危機，即使在失業以後也沒有馬上意識到未來收
入的危機。

世事多變化，就算是實力再雄厚的人也難免遇到被裁的危
險，於是每個人都不得不為自己的將來提心吊膽。

小職員，最盼望的就是經濟情勢一片大好，於是即使自己

並不出色，也能夠混在自己的職位上而不會被裁員。

主管經理，最盼望的就是自己的實力永遠無人能及，於是便可以牢牢地坐在自己的位置上，甚至節節攀升。

就連企業的老闆也有自己最盼望的事，他們總是希望自己的公司能夠更具競爭實力，甚至成為整個行業或市場的龍頭霸主，這樣自己就可以輕輕鬆鬆的坐在家中等著大把大把的鈔票流入自己的口袋了……

職場中的人們有他們盼望的事，而政壇、娛樂界……各行各業的人們又何嘗不是如此呢？

於是在職場中，人們都知道除了做好自己的本職工作，在其他領域也要有一技之長，用來防止意外。

### ◆ 實戰練習：職場安全帶，如何來繫

現在的職場人士都懂得提早打造自己的職業生涯，有些甚至在離校開始工作之前就已經早早的為自己擬定了一份未來的職業生涯規劃。

但計畫總是不如變化來得快，即使計畫再詳細再周密，也不都是萬無一失的，所以在職業生涯規劃之外，還應當給自己訂幾份備選規劃，就像汽車的備胎一樣。選擇備胎，有幾點可

## 防患未然 VS 亡羊補牢

○○○○○○○○○○○○○○○○○

供參考：

### ♠ 1、全方位打造自己

即使你已經坐上了主管、總經理的寶座，也難免不會被更優秀的人所取代，所以，為自己的職業生涯擔憂是不分職位高低的。事實上，很多高層的管理人員更懂得未雨綢繆。也許他們只是一個人力資源部的經理，但他們已經開始著手企業管理或者生產管理方面的學習，這樣做無非是為自己的轉型做好萬全的準備，而這種轉型大多數情況並非出自他們自願。

鍛鍊自己在其他領域的能力，當然這一般僅限於那些比較容易上手或者自學的領域，並不包括那些科學研究或者純技術性的工作，這樣全方位的打造自己，有益於在職場中生存得更久。它們或許能夠補充你在專長領域中所欠缺的東西，或者能夠為你開闢一條全新的道路。所謂「技多不壓身」，多掌握一些能力對職業生涯只有百利而無一害。

### ♠ 2、人脈如同一座地下寶藏

無論從事什麼樣的工作，人脈都是不可缺少的。即使是乘坐太空船到達了月球上，也需要地球上工作人員的操縱、指揮以及配合。所以掌握好的人脈關係，就如同擁有一座地下寶藏。

不管是重新選擇工作，還是在現在的工作上更進一步，甚

至是想要保留住現有的工作，良好的人脈關係都能夠為你提供力所能及的資源。而且你會發現，當每個人都能夠對你做出一些幫助時，無論是資金、建議、通路、廠商……，這些幫助匯總起來就是一座巨大的寶藏，可以讓你享用不盡。

　　準備職場備胎並不是慫恿每人不安分守己的工作，備胎和跳槽沒有必然關聯，不是準備了備胎，就要換上來用用，而只不過是一份保險，當你無計可施時，備胎可以保證你能夠找到令自己滿意的工作。

　　而如果你的事業正處在步步高昇的階段，那就大可不必考慮備胎的存在，只需要好好的累積，而並不需要把它們真正的派上用場。

Better safe
than sorry

# 3.
# 資金流，麻煩的根源

　　資金就是企業的生命，把握不好資金流，就會使企業陷入危機，而這種危機和制度、人員的危機不同，它幾乎是一招致命的。

　　一個企業要想生存發展，最重要的是什麼？
　　完善的組織架構和合理的制度。
　　良好的紀律和高效率的工作團隊。
　　經營優勢行業並具有絕對競爭實力。
　　令人為之動容並且凝聚人心的企業文化。
　　……

這些的確是一個企業得以發展的重要因素，但我們卻不能忽視企業生存的一個基本要素──資金。

任何企業都不能在沒有錢的狀況下經營，而企業的資金就如同人體的血液，它貫穿於企業的採購、生產、行銷各個方面，尤其現金流，更是評價企業長期、短期償債能力的重要指標，透過觀察一個企業的資金周轉情況，就能夠知道這家企業經營的狀況，未來有沒有發展的可能。

所以，要考慮企業可能面臨的危機，就不能不考慮企業的資金流。

對於生產型企業來說，原物料價格是不得不考慮的重要成本之一，原物料價格的上漲必然會縮小企業的利潤空間。A 公司就是一家生產兒童木製玩具的公司，而 A 公司的利潤不可避免的與原木的價格產生了直接必然的關聯。

由於政府越來越重視環保，所以市場上原木的價格也在不斷的上升。而這對於其它相同性質的公司來說變成了一個挑戰。

很多公司紛紛調整戰略，或者調整生產線，用其他環保材料代替原木材料生產新式兒童玩具──而這樣做的投入無疑是個巨大的挑戰；或者採用最基本的盈利方式，提高成品的價格，而這樣做也必然會引起消費者的不滿，畢竟，當其他的廠商還

按兵不動,而只有一家漲價的時候,這家企業便會成為出頭鳥而難免遭到被槍打到的危險。

A公司在同行企業中不算強者,在價格問題上,它一樣是原物料價格上漲的「受害者」,但它卻能夠穩住陣腳,按兵不動。原因並不是它能夠對較低的利潤忍氣吞聲,而在於A公司對資金的合理利用。

當原木的價格開始呈現出上漲趨勢時,其他公司紛紛占用盡可能多的資金購買低價的原物料,以備之後所需,而A公司卻沒有在這件事上花太多的心思,而是把公司的產業結構進行延伸,從單純的生產兒童玩具,到投資上游原物料供應企業,購買部分這類公司的股權。

所以,對於原物料價格的上漲,A公司一點也不會憂心忡忡,因為這對它來說是有利的。而原木價格的上漲必然會使其他企業按捺不住,提高產品價格,進而也一定會流失一些市場區塊,這時候A公司就無聲無息的把這些企業流失的市場盡收囊中。

當A公司的競爭對手們紛紛因為利潤過小,或者市場減少而轉作他行時,A公司就變成了一個在市場中佔有絕對優勢的企業,這時候它才按照供需原理提高了產品價格。

　　有效的利用資金，而不是盲目的投資，無論對於企業還是對於個人都是十分重要的。

　　在上面的例子中，Ａ公司和同行的其他公司，都面臨著原物料價格上漲、流動資金相對減少、利潤被瓜分的局面，而其他企業並沒能很好的控制和利用資金。

　　儘管有些企業竭盡所能的購買低價的原物料，但這畢竟不是長久之計，低價的總會用完，用高價的原物料生產這將是必然。

　　這個時候，如果想要繼續從事這一行業，漲價就是必然，但是先漲價的總會流失一部分的市場客群，成為替死鬼，所以，企業之間拼鬥的就是如何有效的利用現有的資金，讓自己撐到漲價的最後一刻，這樣便能夠將市場和高額利潤盡收囊中。

　　資金就是企業的生命，把握不好資金流，就會使企業陷入危機，而這種危機和制度、人員的危機不同，它幾乎是一招致命的。

### ◆ 實戰練習：如何防範資金引發的危機──謹慎投資

　　對於個人來說，通常會引起資金危機的就是投資。聽到某個「小道」消息就會想也不想的把錢通通投進去，這樣不顧後

## 防患未然 VS 亡羊補牢

○○○○○○○○○○○○○○○○○○○

果的盲目投資，除非極少數幸運的人能夠有所收穫，其他的人則會賠上一部分的資產，好一點也不過維持本金。因此，要想獲得收益，就一定要謹慎投資。

### ♠ 1. 明確投資資金的來源

有些人聽到好的投資機會，不經過調查分析，在沒有多大把握的情況下就抵押了房產、車子等，把所有的財產都用來投資，想要一口氣賺大錢。但是我們所聽到大部分的結果都是賠得精光或者賠掉了大部分，從原本的小康生活一下子變成了「窮光蛋」。

因此，在投資前首先應當瞭解，用來投資的資金一定是除去日常生活所需後的「閒錢」。要保證用這筆錢投資，即使輸得精光也能維持正常生活。

### ♠ 2. 認清投資風險

風險與收益總是成正比的。想要高收益，就不可避免的面臨高風險；想要降低風險，就不可能有很大的報酬率。所以想要認清風險的存在，在投資之前做好承擔風險的準備，一旦全部賠光，自己應當如何應對。

### ♠ 3. 相信自己是大眾

聽過有很多冒險家一夜致富的故事，但要相信那些不過是

「小眾」人的故事，不管是幸運也好，還是背後付出了大量的努力也好，畢竟在這個社會上，極富的人還是少數。

當然，每個人都有成為大富翁的可能，但不要讓這種可能變成一種不切實際的幻想，首先給自己一個合適的定位，才不會有衝動的行徑。

### ♠ 4. 選擇合適的投資產品

不管是謹慎投資，還是盲目投資，最後都無外乎將落實到「投資產品」上。

謹慎投資的做法是根據市場環境和產品的不同作「組合投資」，「不把雞蛋放在同一個籃子裡」這是投資中最著名的原則，因此個人投資也應當遵循這條守則，當然選擇何種組合也要根據市場環境來確定。

比如說在經濟狀況良好，金融市場活躍的時候，就不妨側重於股票、基金市場的組合投資；而如果遇到了市場低迷，類似於金融危機一類的狀況時，就應當採取安全點的做法，而在市場狀況越不好時，保險就變的相當重要了，因為不同的意外危機可能會一舉擊垮你，而保險可能才是可以救命的唯一投資。

## ♠ 5. 教育投資

　　無論市場環境的狀況如何，最好的投資都不能將「教育投資」排除在外，因此，在任何時候都應當有一部分的教育支出，這樣對於自身的投資所能帶來的收益是金錢投資所無法比擬的。

# 4.
# 小人物大威脅

　　小人物往往會成為破壞重要事件的關鍵人物，就如同一張大網，無論編織漁網的繩子有多麼結實，但如果其中的一段斷掉了，也會使漁網的作用降低，甚至捕不到任何一條魚。

　　幾乎所有人都知道人際關係的重要性，而往往人們忽視的並不是人際交往的方法，而是物件。在人際交往中，大部分人總是會注意那些與大人物示好的方法，無論是對他們彬彬有禮，還是施以關懷，都無非是為了這些人將來能夠對自己有所幫助。

　　可是並不是所有人都能夠注意對待小人物的方式。所以，儘管用了同樣的方法，卻並不是每個人都能成為人際交往的高

## 防患未然 VS 亡羊補牢

手，原因就在於此。成功的人總是小心地對待身邊的每一個人，不管是有地位的成功人士，還是不起眼的普通群眾。

小人物往往會成為破壞重要事件的關鍵人物，就如同一張大網，無論編織漁網的繩子有多麼結實，但如果其中的一段斷掉了，也會使漁網的作用降低，甚至捕不到任何一條魚。

在齊國有一個很有名的大夫叫夷射，他地位很高，齊王對他也頗好，經常會請他喝酒。

這一次，齊王又招人請夷射進宮喝酒，兩人把酒言歡，從國家的軍機大事到平常百姓雞毛蒜皮的小事，天文地理無所不談，聊得高興極了。一直到了很晚，兩人都帶著濃濃的醉意，夷射才左搖右晃得離開宮中。

夷射搖搖晃晃的走到廊門時，一個受過刑罰的守門人看到夷射高興的樣子，於是想要討點酒喝，「大人，有沒有剩酒讓小人過過癮啊？」

夷射睜大眼睛，看著守門人因為受刑罰被砍了腳的樣子，頓時覺得這人很不堪，再加上酒意尚濃，於是便一甩袖子，「滾開，你這樣受過刑罰的小人也配跟我這樣有頭有臉的人討酒嗎？」

守門人不敢再自討沒趣，便退了下去。

　　第二天，夷射還沒有從酒醉中醒過來，就聽到院子裡鬧哄哄的，「大膽！誰人敢在我家中撒野？」

　　夷射迷迷糊糊的起來，看到院子裡闖進來一群士兵模樣的人。他剛想開口斥責，誰料到不及士兵的刀快。一個士兵二話沒說，拉夷射到了院子中央，還沒等他弄清楚是怎麼一回事，就把他的人頭砍了下來。

　　原來，夷射訓斥完那個守門人，守門人自然心中不快，於是便趁沒人的時候在大王喝水的水槽中撒尿。第二天齊王起來發現後大怒，詢問守門人是誰這麼大膽。守門人並沒有直接了當的說，而是稟明「所見」：「好像昨天夷射大人在那裡站了一下。」

　　不管夷射和齊王的關係多好，齊王都不能忍受這樣的侮辱。於是便不等調查，一氣之下要了夷射的命。

　　守門人和夷射比起來簡直是一個天一個地。但夷射卻因為這樣一個芝麻綠豆大的小人物而丟了性命。這充分的說明了小人物的作用。

　　小人物的作用可能看上去微乎其微，但正是這樣微乎其微的作用有時候卻是影響大局的重要關卡。這就好像感冒病菌一樣，這是肉眼都看不到的微小細胞，但任由它在人體中繁殖就

## 防患未然 VS 亡羊補牢

○○○○○○○○○○○○○○○○○○○○

能夠破壞人體的正常功能。

　　小人物，看似不起眼，但他們就如同萬里長城的一磚一瓦，少了那一塊磚頭都可能成為長城倒塌的隱患。在大海裡航行，即使方向有毫釐的偏差，也會讓船舶到達另外的地點。所以，對事不能忽視細節，而同樣的，對人也不能忽略小人物。

　　田中是一家公司的行銷人員，他費了千辛萬苦，終於透過管道打通了某家企業經理的關係。

　　在具體洽談業務時，田中就不把對方的業務員放在眼裡，心想，「這也不過是走個流程而已，我已經打通了經理的關係，區區一個業務員又能有什麼作為」。於是在洽談時，對業務員表現出了不耐煩，甚至在言語上還很不客氣。這樣的舉動換做誰都不會喜歡，於是在業務員的心理，田中有一個很差的印象。

　　如果只是印象差，似乎對田中的業績也不會有什麼影響，但壞就壞在這名業務員在經理面前也有一定的影響力，儘管不是那麼關鍵，但足以對田中產生影響。

　　當經理詢問田中所推銷的產品時，這位業務員先是用微笑的表情說：「這種產品比我們之前看過的那些在樣式上很有優勢，不但設計新穎，而且美觀大方，價格方面也非常合理。但是……」業務員皺起了眉頭，這不僅讓經理的目光從產品說明

書上轉移到業務員上「但是什麼？」

「品質上不太敢保證⋯⋯」業務員帶著惋惜的語氣說。

儘管在經理看來，業務員不過是如實彙報了他所認為的產品的情況，但就「品質上不敢保證」這一句話就足以令經理對田中推銷的產品有所動搖，經過仔細的推敲，經理還是決定購買「品質上有保證」的產品。而田中也因為得罪了他所認為的小人物而無功而返。

### ✦ 實戰練習：你是否重視小人物？

1、最好的朋友就要過生日了，你會準備什麼樣的禮物送給他／她？

A. 希望同好友分享自己喜歡的東西

B. 認真觀察和考慮朋友喜歡的東西，然後送給他／她

C. 送一些比較實用或目前需要的東西

2、不熟悉的同事或關係一般的朋友向你借錢，數目不大，你會？

A. 這筆數目不大，不還也沒有關係，借給他／她

B. 勉為其難借錢，但是常常有意無意地提醒

C. 找理由不借


3、朋友找你去玩，可你目前沒有這筆閒散的資金，你會？

A. 不能拒絕朋友的美意，先玩了再說

B. 直接說自己沒錢，不能去

C. 先看看能不能借到錢，如果借到再應約


4、朋友突然到訪，而家中卻一片狼藉的樣子，你會？

A. 笑著說房間太亂，還是請朋友進屋

B. 請朋友在附近等一下，馬上收拾好，然後再請朋友進來

C. 帶朋友出去玩，不在家中逗留


5、對於公益活動，你會？

A. 非常願意參加

B. 不喜歡參加

C. 無所謂，沒時間的話可以看看


6、逢年過節要送賀卡的時候，你會選擇送給誰？

A. 先送非常熟悉的朋友，如果不熟悉的朋友送來，也會回

送一份

 B. 認識的人都會送一份

 C. 從來不送賀卡


7、被放鴿子了,你會?

 A. 看看理由再說,如果合理充分就能夠接受

 B. 不管有什麼理由都不能取消約會,無論如何不能原諒

 C. 這次就不說了,以後也放他一次


8、身邊的路人突然痛苦的蹲下,你會?

 A. 趕忙詢問「你怎麼了?」

 B. 很好奇地在旁邊看

 C. 不管我的事,繼續走自己的路


9、家人反對自己的戀情,你會?

 A. 不顧家人意見,只要我喜歡就行

 B. 以後祕密行動,不讓家人發現

 C. 認真考慮一下

## 防患未然 VS 亡羊補牢

10、遇到困難時，你會向什麼人請求幫助？

A. 真心的好朋友

B. 誰能幫忙就找誰

**◆ 得分統計：**

| 項目 | 1 | 2 | 3 | 4 | 5 | 6 | 7 | 8 | 9 | 10 |
|------|---|---|---|---|---|---|---|---|---|----|
| A | 1 | 1 | 5 | 2 | 1 | 4 | 5 | 4 | 1 | 2 |
| B | 5 | 3 | 2 | 5 | 2 | 5 | 2 | 2 | 5 | 5 |
| C | 2 | 5 | 1 | 4 | 5 | 1 | 4 | 1 | 4 | — |

**◆ 測試結果：**

**◆ 總分 ≤ 22分**

你能夠用冷靜理性的思維方式思考問題，對於小人物也能起大作用這件事，你也深信不疑，但很多時候，你過分的想要去分析哪些是可以被利用或者對你有影響的小人物，哪些是完全不會對你有威脅的小人物。在這樣的分析中，你往往會判斷失誤，得罪了那些原本不該得罪的人。

所以，對於你來說，最大的問題是沒能真正明白小人物的含義，而對於小人物的態度也應當有所轉變，並不是為了利用或者防範而對小人物有所戒備或具備應具備的禮貌，而是對待

任何人，都應當抱有同樣的態度。

**◆ 總分 ≤ 34 分**

看重人情世故，對於人際交往中每個人的作用都一清二楚，所以，在理智的情況下，你並不會得罪任何人，你會將同周圍人的關係處理得很好。但是你又是一個情緒多變的人，當你厭煩了自己偽裝出來的嘴臉時，就會毫不客氣地大開殺戒了。

所以，對於你來說，當務之急是控制情緒，只要能夠保持冷靜的頭腦，用不著多作解釋，你也會做出正確的事來。

**◆ 總分 ≥ 35 分**

你的性格比較開朗，也懂得人情世故。無論是對於地位高的大人物，還是沒什麼地位的小人物，你都能夠妥善的處理，因此你身邊的朋友也非常多。

對待他人的友善，並不是因為你知道其中的利害關係，也不是基於某種演戲的虛偽，而是一種條件反射，你認為這就是待人處世的正確態度，你的這樣種做法常常能夠在不知不覺中感染到別人，因此，能夠輕易得讓對方感受和接受你的真心誠意。

# 5.
# 危機預警，把災難扼殺在搖籃裡

暗箭之所以難防，就是因為暗箭總是在人們沒有準備的時候出現的。

所謂「明槍易躲，暗箭難防」。暗箭之所以難防，就是因為暗箭總是在人們沒有準備的時候出現的，當你感覺到事情不妙的時候，暗箭已經傷害到自己了。而危機就是一種暗箭，他總是躲在陰暗的角落，不被人留意，但一旦人們發現了危機的徵兆時，常常已經到了不能後退和挽回的地步。

在警匪片裡面，正義的一方常常會處於被動的境地，因為正義的一方通常都是在明處，而反派分子則是在暗處，也許就在員警的身邊，但如果他不表明身分，就很難被察覺。

但在兩方勢力鬥爭和抗衡了一段時間後，正義一方總是能夠察覺出一些端倪，列出一些懷疑事件。他們能夠根據一些線索，找到想要找到的真相。

一個危險分子在身邊，就如同隨身攜帶一個未知的危機，如果不去主動感知、推敲、尋找危機的所在，就只能任由危機擺佈，最終被危機打倒。相反，如果能夠及時發現端倪，根據各種線索找出危機的根源，就能夠擺脫被控制的局面，直至擺脫危機。

在實際生活中，每個人每個企業都應當具有這樣的危機意識，做事應當居安思危、未雨綢繆，也就是所謂的危機預警。在沒有危機的痕跡時，要想像危機發生的各種情況，並找出各種解決辦法，只有這樣，當危機真正來臨時，才能夠從容應付。不是等著危機找上門，而是自己主動發現危機的線索在那裡。只有掌握了主動權，才能夠避免嚴重後果的發生。

Michael 在 1991 年接管了黎安航空公司，而此時，這家公司就面臨了破產的危機。但這並不足以成為打倒 Michael 的武

## 防患未然 VS 亡羊補牢

○ ○ ○ ○ ○ ○ ○ ○ ○ ○ ○ ○ ○ ○ ○ ○ ○ ○

器——要知道，對於任何一個剛接手公司就面臨危機的管理者來說，這都是一件尷尬又棘手的事。

出人意料的是，黎安航空公司並沒有在危機中一蹶不振，相反，透過 Michael 的成功經營，沒多久這家公司就成為歐洲航空業內的佼佼者。幾年以後，當大多數的歐洲航空公司都在為利潤的事情發愁，甚至苦苦掙扎的時候，黎安航空公司的收入卻早已遙遙領先，在 1999 年達到了 2.6 億美元，稅前利潤額為 5180 萬美元，這是其他航空公司做夢都想不到的。

黎安航空公司的奇蹟源於身為首席執行長 Michael 的危機意識。在經濟不景氣的情況下，Michael 認為什麼樣的公司都能夠輕易的被環境影響，成為經濟不景氣的替死鬼。所以，他在公司早早地建立了危機預警管理系統。分析可能產生的危機、產生的原因如何、怎樣解決以及未來如何避免同樣情況的發生，對這些方面一一進行系統理性的分析。

透過危機預警系統的分析，Michael 知道一個航空公司要想保持高額的利潤，就是要增加機票收入，而能夠增加機票收入的最直接的方法就是降低票價、增加航班。

因此，黎安航空公司不但為歐洲的一些機場提供飛機，還大幅度的降低了機票價格。這絕不是象徵性的降價，而是真正

的壓低了機票的價格。例如黎安航空公司飛往威尼斯的航線，往返的機票只有 147 美元，而對於同樣的路線，英國航空公司的價格卻是 815 美元，是黎安航空公司的 5.5 倍之多。正因為黎安航空公司擁有如此低廉的機票價格，在 1999 年，該航空公司的載客量達到了 600 萬人次，在短短的 5 年內增加了一倍。這樣龐大的載客量足以彌補他降低的價格。

透過危機預警系統，黎安航空公司不僅成功的避免了經濟不景氣帶來的航空業萎縮的行業危機，更使得該公司在這次的危機中脫穎而出，收穫了巨額的利潤，而同樣有所收穫的還有 Michael，為了獎勵 Michael 對黎安航空公司的發展所做出的貢獻，黎安家族在 1994 年任命 Michael 為該公司的 CEO，並且贈送給他 25％的公司股份。

危機已經成為企業不能不面對的話題，在美國的一項針對主要企業領導人的調查中，89％的企業領導人都認為企業發生危機是一件不可避免的事，而且所能做的就是進行有效的危機管理，盡可能妥善的解決危機所帶來的傷害。

而危機管理中，建立一套合理嚴密的危機預警系統是首先要解決的。一個詳細完整的危機預警系統，其中應當包括：

危機發生的所有可能情形以及對其細微的描述。危機中需

## 防患未然 VS 亡羊補牢
○ ○ ○ ○ ○ ○ ○ ○ ○ ○ ○ ○ ○ ○ ○ ○ ○ ○

要行動的各類角色，包括應對媒體、新聞界、外部危機中受到影響的利益相關人（受害者）、危機解決的領導者……，對員工的危機意識和危機處理能力的培訓，成立危機處理小組。

顯然，這是一個危機預警系統所必備的要素，透過這些要素的結合和運行，能夠幫助企業更好的應對和解決危機，成為在危機中不敗的勝者。

### ◆ 實戰練習：影響員工的情緒危機

在未雨綢繆的危機管理中，首先應當關注的就是來自人的危機。危機不論大小，都會給人們帶來巨大壓力，這種壓力會使人際關係緊張。想像一個公司裁員的消息就會帶來勾心鬥角的局面就可以知道危機的影響了。於是，在進行危機管理時，不能不對員工的危機處理能力進行培訓，唯有如此，才能夠在危機降臨時，也不會降低團隊的有效管理。

### ♠ 來自外界影響企業形象的重大事故

幾乎每個職場人士都知道企業形象的重要性，一旦企業遭受形象受損的衝擊，就有可能使企業面臨倒閉的危險，儘管這不是必然的，但卻有極大的可能性，因此，當企業的領導者正在應付形象受損的危機時，員工們也會蠢蠢欲動，為自己的將來作打算，畢竟，如果企業遭受不幸而倒閉，最基層的員工將

是最大的受害者，他們首先要面臨的問題就是失業和重新就業的問題。

因此，在忙於解決外部帶來的危機時，管理者同樣不能夠忽視內部正在萌芽的危機，穩定員工情緒，使員工保持正常的工作心態，甚至積極為公司想辦法、尋找出路，也是不容忽視的問題。

其實當企業面臨重大危機時，員工們同樣會感受到危機的存在，所以，當管理者積極地解決外部問題或者企業本身的問題時，同樣不能忽視員工內心的危機，因此培養員工的危機意識和處理危機的能力就顯得至關重要。

### ♠ 管理層的重大變動

無論管理層怎樣更換，公司始終需要「真才實學」的人來支撐，因此，與其整日試圖以各種「關係」來達到保留職位或者升遷的目的，倒不如鍛鍊自身的能力，這樣不管什麼樣的管理者，甚至公司倒閉，要轉職去其他公司，也不用擔心受怕了。

### ♠ 使企業利益蒙受巨大損失的重要事件

在這種情況下，企業最害怕的就是從內部傳出的不利消息。不管公司的「發言人」如何透過媒體向大眾解釋，只要從公司內部傳出某個不利於企業的「真相」，都會使企業一敗塗

地。

因此，作為員工，不應當信口開河，隨便向外界人士透露「小道消息」，即便是向親朋好友無意間提起的事也有可能成為引發企業更大危機的定時炸彈。

作為企業領導管理一方面應當做出及時反映處理危機，另一方面也要避免內部矛盾或者內部的消息洩露而引發更嚴重的問題。向員工說明事情的原委，要每個員工知道他們對於公司的重要性，激起員工的責任心不失為一個好辦法。

### ♠ 新政策、法律法規的頒佈讓企業原有的經營領域受限制

一般說來，新的政策、法律法規的頒佈不會快速的影響企業的效益，而是有一段時間的反應期，在這段時間內，企業自然是需要做出快速的反應，及時的調整產業結構，改變經營策略，以適應新市場的要求。

甚至很多企業在還沒有得到正式公文時就已經感受到政策變化的風吹草動了，這時候就千萬不要抱著僥倖的態度，一定要防患於未然，早做準備。

隨時要為
最壞的 狀況
做準備

○ ○ ○ ○ ○ ○ ○ ○ ○ ○ ○

# CHAPTER ③

## 站在危機的背後

皮膚的微小傷口，受到病菌襲擊而感染到的輕微感冒，人體有一套自己的程序能夠將這樣的「身體危機」解決。類似的，大部分的危機都能夠透過一定的程序解決。

解決程序的危機既有一定的規律性，這表現在對待危機的態度、解決危機的思路和原則上。在紛繁複雜的危機，都不外乎要用冷靜的情緒、負責的態度、迅速的動作來解決。只要掌握了處理危機的基本程序，就能夠將危機一舉殲滅。

# 1.
# 穩住，一定要穩住

不識廬山真面目，只因身在此山中，迷路的人常常不是因為真的不認識路，而是因為失去了冷靜客觀的分析態度，慌了神了，所以越來越想不起真正的路在哪裡。

出色的成績一向是小菲引以自豪的表現。不過小菲所能取得出色的成績總是「僅限於」教科書上的內容。她在防火知識競賽中輕鬆取得了第一名，但在寢室一次真實的「小火災」中，她卻被竄起的火苗嚇得手足無措，曾經在考場上對答如流的滅火方式一時間忘個精光。要不是室友湊巧回來及時撲滅了「小火災」，小菲恐怕早已葬身火海了。

## 站在危機的背後

○○○○○○○○○○○○○○○○○○

在考場上能夠考到 100 分的學生，在實際的工作生活中卻未必真的那麼優秀，因為在面臨實際問題時，他們往往很難將理論套用在實際狀況中，尤其在突發的狀況下，有些人總是不能表現出考場上的鎮定自若。就像小菲一樣，面對火苗，她怎樣也無法穩定情緒，及時的滅火。

而危機的危害就在於此，它的發生突然，變化迅速，有時候甚至就是一念之間，如果不能夠及時地處理，就會引發更大的災難。所以，在危機面前，能夠控制情緒，穩住陣腳的人，往往能夠妥善的處理危機——當然，這個人必須首先懂得處理的方法。

當我們置身危機的事外，總是能夠理智地看待問題，並且掌握解決危機的各種辦法，但是當危機發生在自己身上時，卻會不時地老犯錯誤，做出那些不正確的舉動，這多半是因為不能夠在危機面前控制情緒。而一旦一個人的情緒是混亂的，就很難用理智分析問題，也就沒辦法正確的解決問題。

漢克是一家廣告公司的創意總監。在這個靠創意吃飯的圈子裡，難免會出現點子被盜用或者雷同的局面。當漢克身邊的朋友成為受害者，他總是能夠挺身而出，想出打擊「盜版」的方法，幫助別人化解危機。

　　結果事情總是有著奇妙的轉折，正當人人都以為漢克具有臨危不亂的特質時，不幸卻降臨到他的頭上。

　　經過了幾個星期的辛苦構思，他終於想出了一個近乎完美的企劃方案，至少在他看來，這是他職業生涯中最出色和經典的方案，為此，他還為自己開了香檳以示慶祝。

　　但事情並沒有漢克想像的那樣完美，在他的案子還沒有發表出來的時候，在小組會議上，漢克的競爭對手卻發表了自己對此次專案的主題設想，而對手所說的那個主題真是讓漢克恨得咬牙切齒，因為那與自己的主題太相近了，如果在他之後說出自己的觀點，只會讓別人以為漢克是抄襲的。

　　只有漢克知道這是怎麼一回事，一直盯著自己的對手肯定是發現了什麼，不然不會出現如此雷同的兩個主題，要知道對手一直以來無論從思考角度和企劃案特點上總是和自己相對的，這次怎麼兩人這麼「心有靈犀」到想到這麼相近的東西。

　　但創意這東西就是沒憑沒據的，漢克就算把自己的想法說出來，別人也不會相信這就是他的原創，尤其在大家都知道兩人關係的前提下。

　　漢克一時間無計可施，這幾天他回到家中總是情緒低落，還經常發脾氣鬧情緒。心裡總是想著對手那可恨的嘴臉。當上

## 站在危機的背後
○○○○○○○○○○○○○○○○○○○○○○○

司問他對這次的案子有什麼其他想法時，他也沒能表達自己的觀點，只是像打了敗仗的士兵一樣垂頭喪氣的。

最後，漢克的對手成了這次企劃案的負責人，而他得勝的武器卻是漢克的主題。

其實，如果漢克在聽到對手抄襲了自己的主題時能夠控制住情緒，冷靜下來分析一下就能夠化解這場危機，而不是成為這場剽竊危機的受害者。

漢克的對手雖然抄襲了他的主題，但卻不可能和漢克擁有一樣的思路和內容。所以漢克大可不必不再表達自己的觀點，他只要說明自己也有一樣的想法，但是請求各自私下寫一個詳細方案就可以了。相信對手不可能抄襲到漢克的內容和思路，畢竟這是他腦子裡的想法，並且從沒有到發表於眾。

而事實上，最後對手拿出來的方案要比原本漢克所想的遜色得多。漢克成了這場危機中的失敗者，是因為他在危機來臨時沒能夠控制好情緒，儲存在他腦子裡的防盜版方案都沒能得到發揮。

在同樣的狀況下，置身事外的人往往能夠更加理智地看待問題，也正因如此，才能夠更加客觀的做出明智的判斷，正所謂，不識廬山真面目，只因身在此山中，迷路的人常常不是因

為真的不認識路,而是因為失去了冷靜客觀的分析態度,慌了神了,所以越來越想不起真正的路在哪裡。

發生危機多是突發事件,因此會給人造成措手不及的感覺,這時候很多人會慌不擇路。因此,在危機發生時,控制情緒就變得異常重要。我們所需要的是在最短的時間內想出最合適最正確的解決方法,而不是助長焦躁不安的情緒,這等於火上澆油。

### ✦ 實戰練習:危機發生時的控制情緒法

#### ♠ 運動法

健身運動,哪怕只是十幾分鐘的散步對於控制情緒的效果都是很棒的。研究發現,運動能夠產生的不僅僅是身體上的變化,還有心理上的功效,並且這樣的功效甚至超過那些能夠提神醒腦的藥物,而且是完全沒有副作用的。

所以,在危機發生時,不妨試一試如下的運動,不僅可以達到強身健體的目的,更能夠讓你理智地應對危機:跑步、體操、騎車、游泳等有一定強度的運動。

#### ♠ 遙望遠處(自然景物)

如果你對運動是在沒有什麼興趣,不如走到窗前或者戶外遙望遠處,當然最好是大自然的一些景物,例如樹木、草地、

## 站在危機的背後

° ° ° ° ° ° ° ° ° ° ° ° ° ° ° ° ° ° °

藍天。遙望自然景物能夠控制情緒的依據同樣是來自一項科學
實驗，來自密西根大學心理學家史蒂芬‧卡普勒做過的一項實
驗發現，辦公室窗戶在靠近自然景物的環境下工作的員工，不
良情緒出現的可能性要遠遠低於視窗靠近喧鬧場所的的工作環
境。

### ♠ 轉移注意力

　　人們在面臨危機時會越來越覺得危機的可怕或者威脅，腦
海中常常會浮現一連串的負面事件。但實際上，這樣越來越激
動的情緒完全是自己造成的。根據現代生理學的研究，當人們
遇到了不滿、惱怒、傷心、激動……的事件時，就會將這些不
愉快的資訊迅速傳輸到大腦中，而大腦對此作出反應，形成了
一個強勢中心，這種強勢使你把注意力更加放在這些不愉快的
事件上，於是便會越想越牢固，漸漸加重情緒的影響。

　　根據這樣的原理，在遇到危機事件，自己的情緒就要高漲
上來的時候，不妨試著將注意力轉移到能夠使你放鬆開心的事
情上，而事實上，人的情緒往往也只需要短短的幾分鐘，甚至
幾秒鐘便可以完全平息下來。所以，一旦你能夠及時地將注意
力轉移，不去想那些危機的事情，便能夠很快的冷靜下來，而
在理智中作出正確的選擇。

### ♠ 表情緩解法

通常人們都認為情緒能夠引起人的各種不同反應，比如開心就會手舞足蹈，憂愁時就會掉眼淚，而感到害怕時就會發抖。但事實上，根據心理學家的研究，人們並不是因為有情緒才有反應，相反，是因為有了反應才會有情緒。也就是說人們通常是發抖了才會感覺到恐懼。

所以，想要控制情緒，一個簡單的方法就是利用反應。透過表情來緩解情緒就是最好的辦法之一。當你情緒緊張或者生氣、憂慮時，不妨找一面鏡子，然後努力對著鏡子做微笑的表情——即使你能做出的是僵硬的微笑，持續幾分鐘後，你的心情便會自然穩定下來。

Better safe
than sorry

## 站在危機的背後

○ ○ ○ ○ ○ ○ ○ ○ ○ ○ ○ ○ ○ ○ ○

# 2.
# 迅速才是王道

　　想安然在危機中度過，最好的解決時機當然就是在擴散期之前。因為突發期的時間一般很短，所以要趕在擴散期開始之前就要平息危機，否則受到的影響便會大大加深。

　　危機發生時多半伴隨著突然。也就是說危機可能早已漸漸的滲透，但卻始終未露端倪，一旦人們發現危機，大部分已經到了嚴重的地步。所以，在危機發生時作出迅速的反應是處理危機最關鍵的事。

　　危機就如同感冒病毒，具有突發性和極強的擴散性，而病毒的蔓延速度是眾所周知的，因此對於危機的應對也需要迅速

和果斷。由於感冒病毒本身特點除了侵害身體健康的同時，還能夠病變成其他的類型而感染其他器官，具有擴散效應。而危機又何嘗不是如此，危機的破壞力會隨著時間的推移呈現爆炸式的增長。所以，越早處理危機就越有利於解決問題，減少損失。

備受歡迎的百事可樂就曾經用最迅速的行動擺脫了一場危機。1993 年 7 月，美國百事可樂公司突然遭受到一場巨大的災難。不知消息是從何得來的，在美國的大街小巷，人們都紛紛傳說，在罐裝的百事可樂裡接連發現了醫生用的注射器和針頭，甚至還有人生動的描述其被害者是如何被針頭刺破了嘴唇和喉嚨的場面。

這無疑會使百事可樂的公司形象嚴重受損，甚至有些人唯妙唯肖的將這件事與愛滋病的傳播聯想了起來，更讓很多大賣場不得不將百事可樂撤櫃。

面臨這樣突發的危機，百事可樂並沒有慌了神，而是在第一時間召集危機處理小組，商討了一系列及時、迅速、果斷的措施。

首先是平息投訴者的情緒，對於任何一個消費者，買到這樣的產品，都一定會感到非常憤怒，也一定會在第一時間把自

## 站在危機的背後

○ ○ ○ ○ ○ ○ ○ ○ ○ ○ ○ ○ ○ ○ ○ ○ ○ ○ ○ ○ ○ ○

己的遭遇說給他人聽，所以為了避免謠言四起，一定首先要平息投訴者的情緒。

　　為此，百事可樂不但向投訴者給予誠摯的道歉，還賠償了一筆數目相當可觀的獎金以表安慰。

　　只是道歉賠償，這並不足以擺脫危機，別人自然會說百事可樂是「為了息事寧人，它們的產品還是有問題的」，所以為了挽回消費者對百事可樂的信任，就要讓他們親眼看到乾淨衛生的生產過程。

　　於是百事可樂邀請投訴者到生產線上參觀，並且詳細的展示生產的每一個環節，是投訴者透過親眼所見真正確信百事可樂的品質是可靠的。

　　僅僅讓投訴者指導生產的安全是遠遠不夠的，還要讓更多的消費者清楚這一點。於是，百事可樂公司花重金買下了美國所有的電視臺、廣播公司的黃金時段以及非黃金時段。在這些電視、廣播時間，進行反覆的闢謠宣傳，並播放百事可樂罐裝的生產流程錄影。

　　當消費者們在電視上親眼看到飲料再注入之前，每一個空罐都是口朝下的，而且從高溫消毒，到注入百事可樂飲料，再到最後的封口，整個聽起來複雜的過程在生產線上的時間卻只

有短短數秒，這不能不讓人相信想要在生產線上動點手腳，絕非易事。

這樣，用不著百事可樂公司找各種理由極力澄清，消費者們只需透過錄影，就能夠明瞭，要在短短的數秒之內將傳言中的注射器和針頭放入罐中，絕對是不可能的。

事實已經澄清，百事可樂的罐裝飲料是絕對沒有問題的，但傳言中的注射器和針頭的問題還是需要仔細的調查。於是，百事可樂公司透過與美國食品與藥物管理局密切的合作，終於揭露了這不過是一宗詐騙案的事實。

儘管從一開始百事可樂公司就知道自己是冤枉的，因為他們完全瞭解生產的流程，也猜測這不過是別人的陷害，但如果一開始就極力調查這件事，一心想要洗脫罪名，恐怕謠言還是會繼續，而百事可樂的形象也會在謠言中不斷被中傷。

相反，百事可樂採取了果斷的處理方式，選擇了針對「謠言惑眾」的重點來著手解決，不但沒有被危機打倒，還讓消費者對百事可樂的品質更加信任，百事可樂公司也因此在危機中得到了提升。

危機的爆發一般都是突然的，但發展的過程一般都經過突發期、擴散期、爆炸期、衰退期，一個企業要想安然在危機中

## 站在危機的背後

○○○○○○○○○○○○○○○○○○○○

度過，最好的解決時機當然就是在擴散期之前。因為突發期的
時間一般很短，所以要求企業迅速做出決策，趕在擴散期，甚
至在擴散期開始之前就要平息危機，否則受到危機的影響便會
大大加深。

### ◆ 實戰練習：危機發生時，哪些事情需要迅速處理

#### ♠ 找到癥結所在

危機發生後，第一時間要做的就是找出問題的癥結所在。
找到問題的關鍵才能夠對症下藥。

#### ♠ 消除公眾疑慮

公眾對企業的信任也是企業得以成功的重要一環，所以當
危機發生時，也不能忽略公眾的感受。

在第一時間向外界發佈資訊，這樣既能表現出企業對危機
事件的快速反應狀態，又可以平息因資訊不完全、不透明而產
生的虛假謠言，消除公眾對企業的疑惑，讓公眾瞭解真相，贏
得信任。這是企業擺脫危機不可錯過的重要的環節。

#### ♠ 尋找應變方案

辦法總是會有的，但能不能用最短的時間找到解決辦法關
係到企業受危機的影響程度。

如果等到企業已經中危機的毒太深，才找到解決的辦法，恐怕已經讓企業蒙受嚴重的損失了。所以，企業應當迅速地找到應變危機的方案。

Better safe
than sorry

# 3.
# 做最壞的打算

　　當危機發生時，預計最壞的結果並以這個結果為出發點尋找解決方案，這樣才不會被「突如其來」的麻煩所困擾。

　　在西方有一句話「永遠看著陽光的一面」，這是為了鼓勵那些面對失敗、挫折、痛苦等負面情緒的人，要他們不要被困難打倒，遇事要積極。不可否認，這是一種積極的心態，對於醫治消極情緒有著非常明顯的作用。但這種「樂天派」的思維方式用在危機管理中就有些不恰當了。

　　在危機面前，採取一種防禦性的態度，可以悲觀的想到最壞的結果或設定一個最低的期望，這樣更能夠掌握危機的局面。

相反，如果在危機面前不能有所預備，還抱著無所畏懼的態度，當危機演變得更猛烈時，就會使人無法承受。

當危機發生時，預計最壞的結果並以這個結果為出發點尋找解決方案，這樣才不會被「突如其來」的麻煩所困擾。

1982 年 9 月的最後兩天，從芝加哥傳出了一則令人震驚的消息：有人因為服用了「泰萊諾爾」藥片而中毒死亡。吃藥反而要了人的命？這真是讓人頓時覺得毛骨悚然。而這位因為正常服藥卻導致死亡的人所服用的「泰萊諾爾」是一種止痛藥，這並不是什麼市場上罕見的藥品，而是佔據著美國 35％成人止痛藥市場由美國強生製藥公司製造的止痛藥。僅這一種藥每年就能為強生公司帶來四億五千萬美金的收益，在其所有的利潤中約占 15％。可以說，「泰萊諾爾」的製造和銷售量十分龐大。

在此之前，「泰萊諾爾」並不算是絕對安全的，三人曾經因為服用這種藥片而中毒，但這一次的事件卻成為麻煩的導火線，頓時間，壞消息在大街小巷紛紛傳開。由於傳言會不自覺的不斷擴大，導致人們傳說中的受害人數越來越多，最高竟達250 人之多。這麼多的受害人，強生公司難免受到了公眾的指責和藥品管理部門的注意。

強生公司怎能對此坐視不理，在第一時間展開了全面調

## 站在危機的背後

○○○○○○○○○○○○○○○○○○○○

查。首先是對公司生產的 800 萬片藥進行了檢查，發現出問題的是一些受到污染的藥片，而且並不是所有的藥片都受到了污染，相反，只是很少的一部分──不超過 75 片。與此同時，公司還搜集確切的證據──死亡人數，最終發現由於服食了受污染藥片而導致死亡的只有 7 人，而不是傳聞中的傷亡 250 人，並且這 7 人全部在芝加哥地區，而不是全美。

　　儘管調查結果並不像傳聞中的那樣嚴重，強生公司大可以將調查結果公諸於世，然後僅針對芝加哥地區採取某些措施便可以了。但強生並沒有這麼做，他們抱著對消費者負責的態度，決定承擔一切可能產生的損失。

　　強生做了最壞的打算，即使強生生產的所有止痛藥片都有問題，公司都將負責到底，對於所有的患者和亡者家屬給予賠償。於是，抱著向社會負責的態度，強生公司在很快的時間內就收回了數百萬瓶「泰萊諾爾」止痛藥片，不僅如此，強生公司還花費 50 萬美元透過媒體告知全國有可能與此有關的內科醫生、醫院和經銷商。在向相關人士發出警告的同時，有 94％的消費者也透過同樣的媒體得知了相關情況，同時也得知了強生公司在事故發生後的堅決態度。

　　在事故發生後的 5 個月內，強生公司並沒有失去消費者的

信任而在止痛藥市場上銷聲匿跡，而是透過重新設計帶有抗污染包裝的產品奪回了止痛藥原有 70% 的市場。

也許在應對有問題的藥品事件上，強生公司可以採取與己無關的態度：藥品本身沒有問題，而是受到了污染才會導致傷亡的出現。或者可以僅僅針對事故發生地區——芝加哥採取行動，而不必大費周章、耗盡人力物力財力的在全國進行藥品回收和檢驗工作。

但正是強生公司作好了最壞的打算，他們勇於承擔所有責任的態度打動了消費者。能夠承認錯誤、承擔責任，同時又表示出對消費者的關心，而這正是出事後消費者所希望看到的態度。人們很容易將公司的過錯拋在腦後而重新接受它。

### ◆ 實戰練習：最壞打算的心理暗示

安德森是美國著名的棒球教練，在他的指導下，美國棒球隊獲得了一次又一次的成功，而他自己也是對成功焦灼渴望。並不為自己的成就沾沾自喜，在每一次比賽前，安德森比任何人都要緊張，因此他有一個習慣，會預想比賽中可能出錯的地方，並估計到可能失利的結局。即便在球隊取得勝利時，他也不會被沖昏頭腦，而是開始為下一場比賽而憂心忡忡。正是這

## 站在危機的背後

○ ○ ○ ○ ○ ○ ○ ○ ○ ○ ○ ○ ○ ○ ○ ○ ○ ○

樣每次都最好最壞的打算，他才能夠激起對成功的無限渴望。

可見，做好最壞的打算能夠產生一種心理暗示，而在這種暗示下，人們往往能夠竭盡所能，將自己的才能發揮到極致。

### ♠ 最壞的打算

對即將進行的事，或者已經發生的危機事故，做最好最壞的打算，給出最低的期望。因此，即便是真的如意料中的那樣糟糕，也不會受到太大的打擊，因為早已做好了心理準備。這能夠讓人們在結果出來後少一些焦慮，以更平靜的心情對待和處理問題。

### ♠ 將最壞的打算「具體化」

既然預料到了最壞的結果，隨之而來的就是在這種結果下會有什麼樣的損失，應當做出怎樣的反應和回應。於是便可以針對最壞的結果做出充分的準備，這樣一來，就能夠將危機就此打住，避免因準備不足而產生的後續危機。

很多企業經常會遭受到「一連串」的打擊，看上去有種「屋漏偏逢連夜雨」的感覺，這是因為他們沒能徹底的看清危機，不願意把事情想到最壞的結果上，以「樂觀」和「積極」的態度來面對問題，當結果超出了他們的預料時，便拆了東牆補西牆，於是便會解決了西牆的危機，卻引發了東牆的危機。

　　如果一開始就能夠想到西牆可能倒塌的結果，及時的準備材料，在西牆還沒倒塌前就將其修補好，就能從根本上解決問題。

Better safe
than sorry

站在危機的背後
○ ○ ○ ○ ○ ○ ○ ○ ○ ○ ○ ○ ○ ○ ○ ○ ○ ○ ○

# 4.
# 找出關鍵環節

在危機的處理過程中，有時候發現了一大堆的問題並不是可怕的事，相反，最可怕的是危機發生了，但卻找不到問題所在。

當危機發生時，人們最關注的莫過於找出引發危機的原因，根據找出來的原因，才能夠對症下藥，從根本上解決問題。

南轅北轍的故事大家應該有聽過。從前有一個人，從魏國到楚國去。他帶上很多的盤纏，雇了上好的車，駕上駿馬，請了駕車技術精湛的車夫，就上路了。楚國在魏國的南面，可是這個人不問青紅皂白讓駕車人趕著馬車一直向北走去。

路上有人問他的車是要往哪兒去，他大聲回答說：「去楚國！」

路人告訴他說：「到楚國去應往南方走，你這是在往北走，方向不對。」

那人滿不在乎地說：「沒關係，我的馬快著呢！」路人替他著急，拉住他的馬，阻止他說：「方向錯了，你的馬再快，也到不了楚國呀！」

那人依然毫不醒悟地說：「不要緊，我帶的路費多著呢！」

路人極力勸阻他說：「雖說你路費多，可是你走的不是那個方向，你路費多也只是白花呀！」

那個一心只想著要到楚國去的人有些不耐煩地說：「這有什麼難的，我的車夫趕車的本領高著呢！」路人無奈，只好鬆開了拉住車把子的手，眼睜睜看著那個盲目上路的魏人走了。

乘車人正在面臨距目的地越來越遠的危機，然而當別人給他指出這個問題時，他卻毫不在意，因為他並沒有抓住事情的關鍵——走錯方向。

有些時候，危機的發生有很多原因，但是如果不能找出關鍵的問題，而是對一些無關緊要或者影響不大的環節表現出高度的關注，這只能是徒勞無功。

## 站在危機的背後

○○○○○○○○○○○○○○○○○○○

　　一宗交通事故的發生有很多原因：肇事者的疏忽大意，行人不遵守交通規則……如果明明是因為司機酒後駕車，然後去怪罪被撞倒的路人沒能在人行道上行走，不就太離譜了嗎！

　　這麼明顯的是非對錯，誰會分別不清呢？沒錯，但是非對錯十分明顯時，幾乎任何人都能夠分辨清楚，但如果問題的原因並不十分明顯呢？這便是企業發生危機時常常會面臨的問題，找不到應當立即處理的關鍵環節。

　　A 學校最近正在面臨學生越來越少的危機。這是一家私人開辦的教育培訓機構，主要從事各種證書考試的培訓工作。學校的各項開支都源自於學生的學費，這一點和公司的經營沒什麼兩樣，出賣產品──教育，獲得收益。因此，越多的學生就意味著越多的收益。

　　但是，經過幾年的經營管理，學校的發展剛剛開始穩定，卻出現了學生要求退學、新生招募越來越少的現象。

　　於是，業務部的人開始抱怨和埋怨起來。他們對於教師的授課能力以及授課態度表示懷疑，甚至開始指責起來。

　　「老師講課的速度太快，學生根本無法理解」。

　　「有學生抱怨老師上課太枯燥，一定是這樣，學生都不願來上課了」

......

出了這樣的問題，學校不得不加強對教師的管理，於是出了一系列規範教師行為和教學模式的規定。把每日忙於備課、教書的老師們壓得喘不過氣來。

但事實果真如他們所講的那樣，是因為教師們並沒有盡心盡責，或是沒有這個能力嗎？

既然是負責證書培訓的學校，考試的錄取率自然就是吸引學生來讀書最重要的原因，因此，為了招攬更多的人員來進行各種證書的培訓，業務部的人員將學校的培訓能力說得天花亂墜，並且將學校培訓後的考試錄取率提高了二、三十個百分點。

在學費差別不大的情況下，學生們當然會選擇錄取率高的學校。但是當他們參加了幾門功課的考試，並且發現考試並不像傳說中的那樣簡單，錄取率並沒有他們吹噓得那樣高時，就會發現自己「上當受騙」的事實，所以，要求退學也就在所難免。再加上消息的傳播效應，其他人不願再來報名也是很正常的。

這樣看來，原因已經很清楚了，關鍵的問題在於業務人員並沒有實事求是的將自己的錄取能力告知來諮詢的學生，而是撒了一個彌天大謊，這就為日後發生危機埋下了隱患。當危機

## 站在危機的背後

○○○○○○○○○○○○○○○○○○

發生後，他們又看不清問題的真正原因，而是將責任推在了直接面對學生的教師身上。

結果問題並沒有解決，老師們更加努力地在課堂上傳授更多，並且費盡心思為學生準備考試資料，但收到的成效不大，錄取率依然保持一如既往的水準。

如果不能解決吹噓的問題，就算對教師再嚴厲一些又有什麼用呢？問題得不到解決，危機還將繼續延續。

所以，在面對危機時，冷靜地分析原因，不要因為部門或個人利益的問題掩耳盜鈴，將真正的問題藏起來。

### ✦ 實戰練習：如何發現真正的問題

在危機的處理過程中，有時候發現了一大堆的問題並不是可怕的事，相反，最可怕的是危機發生了，但卻找不到問題所在。這將使你無從下手，無法尋找解決的辦法。即便是牽強附會的找到了——就像上面故事中所說的，也不是引發危機的根本原因，是無法熄滅危機的火焰的。

那麼，如何才能發現問題的真正所在呢？

### ♠ 心態上的發現

要認同你能發現的最終原因，不管這種原因是由誰造成

的，不要顧及面子或者部門利益問題。真正的去挖掘原因，而不是隨便找個理由敷衍。

### ♠ 不要忽視小問題

不要根據危機的大小來判斷原因的大小，地基只要偏差 1 毫米，整幢大樓也有坍塌的危險；一根小小的火柴也能夠引起一場大火災。沒有什麼危機是由什麼天大的問題造成的，大部分的事件都來源於對小問題的忽視。

### ♠ 不要信仰成功的經驗

以往的成功也許會讓你引以自豪，別人成功的經驗也許會帶給你靈感和希望，但千萬不要將成功的經驗奉為信仰，只要按照它的做法就一定會成功。要知道時代在變，社會在變，成功的方法也是在變的。

如果不求變化，一味照抄成功的做法，就難免會遇到環境變化帶來的威脅，所以，當遇到危機時，看看自己是不是走了某種成功的程序。

## 站在危機的背後

○ ○ ○ ○ ○ ○ ○ ○ ○ ○ ○ ○ ○ ○ ○ ○ ○ ○

# 5.
# 最麻煩的部分

　　你有聽說過沒有造成任何事故，只是企業意識到了危險的可能性就召回產品的嗎？

　　由於人們對於安全事項的關注程度越來越高，加之傳播媒體和網路訊息更加廣泛，近十年知名企業的產品召回事件越來越多。更多的企業認為，自己的產品出現了品質問題，危及到消費者的安全時，就應當立即召回有問題的產品，或者整整一批產品，以此保證購買者的安全以及企業本身的名譽。

　　但是大部分的產品召回事件都是基於產品出現了品質問題，並且這樣的問題對使用者產生了一定的危害，而這件事又

透過一定的媒體傳播使企業知曉，於是企業才會採取行動，將有問題的產品或者一批產品召回進行嚴格監測。

然而你有聽說過沒有造成任何事故，只是企業意識到了危險的可能性就召回產品的嗎？這就是 2004 年發生在宜家公司的產品召回事件。

2004 年 10 月 15 日，宜家公司宣佈在全球範圍內召回法格拉德兒童椅。聽到這一消息的人都感到有些驚訝，宜家公司是全球最著名的傢俱廠商之一，如果是因為產品品質出現問題，並且造成了人員傷亡的話，怎麼可能沒有聽到任何負面的消息？

宜家在召回兒童椅的同時，也給出這麼做的理由，當人們聽到這個理由時都不自覺地伸出大拇指，嘖嘖稱讚這家優秀公司的負責行為。

原來，宜家發現這種兒童椅存在一定缺陷，原本具備保護功能的塑膠腳墊存在著脫落的危險，而一旦這個小小的腳墊脫落，又不巧被孩子吞食的話，就會發生梗塞、窒息等事故。

在還沒有發生任何一例事故的情況下，宜家主動發現問題，並積極解決問題的舉動的確能夠贏得消費者的青睞。

宜家的產品召回事件跟很多公司出了問題就跑就躲的現象

## 站在危機的背後

○○○○○○○○○○○○○○○○○○○

形成了鮮明的對比。這不僅僅是公司對社會大眾負責任的表現，更是一家企業能否長期存在、持續發展的關鍵所在。

對有品質問題的產品召回，這不只是解決危機的重要途徑，還是一種公司長期生存發展的策略。

當企業所生產的產品出現品質問題，尤其是發生了造成人身傷害和人員傷亡的事件時，如果只針對問題事件而不去考慮同批生產同樣存在隱憂的產品，一方面可能會繼續發生類似的糾紛，另一方面則會讓消費者擔憂，造成負面影響。而這兩方面都是比較麻煩的問題。

### ✦ 同批生產的產品

在同批生產的產品中，問題可能不只一個，因此，如果將其他產品放任不管，而只處理問題產品的事件，就可能存在類似事件發生的可能性。因此，為了將損失控制在最小範圍內，就應當召回所有同批產品進行嚴格檢驗檢查，查找事故原因，避免同類事件的發生。

### ✦ 消費者的信心

當消費者失去了對公司的信心，公司就會失去未來的市場，而這將直接導致公司的倒閉，所以，與其等到問題全部呈現在面前，不如繞過這一個麻煩的環節，自己主動解決。所以，

產品的召回是明智的選擇。

企業需要召回自己的產品，但並不只是向新聞媒體宣佈召回產品就可以了。這其中也要注意召回的程序和技巧：

1、誰來發言？由誰來發言，這對於公司和消費者同樣重要。如果發生了十分嚴重的事件，而公司派出發言的代表不過是個小小的主管，這樣很難讓大眾認同和信任。所以，應當根據發生產品召回事件的類型，決定由誰來為此次的事件發言。但並不是由越大的人物出面就越好，原則上，一個企業最高的領導者並不適合做這一類事件的發言人，這樣能給企業留有迂迴的餘地。

2、是否召開記者招待會？招待會的地點，發佈內容應當如何安排，還應該準備那些材料。

3、在整件事的過程中，企業的問題是什麼？企業應當如何檢討，並且各處改正的措施（但不要太具體）。

4、透過各種媒體傳播消息，確保企業發佈的資訊能夠準確無誤的傳達給消費者。要保證發佈消息的內容統一，以免讓其他人有機可乘，混淆視聽。

## 站在危機的背後

○○○○○○○○○○○○○○○○○○

### ✦ 實戰練習：召回不召回，產品說了算

食品、藥品、兒童玩具、日用品、電器產品、筆記型電腦、汽車等消費品行業經常會發生召回事件，主要原因在於這一類產品一旦出現品質問題，很可能會對人身造成嚴重的傷害。而一旦造成人員傷亡，原本只屬於產品品質的問題就會升級，變得麻煩起來。所以，及早的處理並將產品召回，避免發現更多的同類問題是最為明智的選擇。

當然，並不是所有的產品都需要公開召回這麼麻煩，而主要是由產品的類別來決定的。畢竟，公開的召回產品要耗費人力物力財力，並且還要額外支付宣傳費用，對於企業來說是很難吃得消的，即使是實力雄厚的大公司，也會受到不小的影響。所以，在出現產品品質危機時，首先要看看自己的產品是否屬於需要公開召回的類別吧！

| 產品類型 | 危及人身乃至生命安全的產品 | 有潛在的危險，但不會危及生命的產品 | 對生命或財產沒有威脅，但存在缺陷 | 完全沒有生命或財產威脅，可能影響使用 |
|---|---|---|---|---|
| 召回與否 | 一定要召回 | 企業應召回 | 局部召回 | 不需召回 |
| 具體行動 | 對於這類產品，一旦公眾或企業自己發現問題都要毫無保留，在第一時間發出召回通知，才能夠避免動作過慢而引起更多人受害，也可以避免危機也會隨之蔓延，還要注意在產品召回時，保證此資訊的廣泛傳播，尤其是使用該產品的用戶。 | 要表明雖然產品不會發生危及生命的危險，但是潛在的危險也會影響顧客正常的使用，或者會在一定程度上帶來危害，因此，企業需要堅持召回。 | 雖然沒有傷害顧客健康和生命的危險，但是消費者購買時並不希望買到品質低劣的產品，因此，當產品存在缺陷，應當將其局部召回，這樣才能夠穩定顧客的情緒，以便培養其對本公司產品的忠誠度。 | 對於可能影響使用的產品，沒有召回的必要，但為補償消費者，應當給予產品免費升級、打折等作為彌補。 |

# 6.
# 平息危機

　　所謂「知己知彼，百戰百勝」，危機就如同戰爭中的對手，只有好好的瞭解危機，掌握危機產生的原因和爆發的原理，才能夠找出對付危機的方法。

　　平息危機最好的辦法莫過於轉危機為轉機。當一個危機成為讓企業頭疼甚至關乎到企業能否繼續生存下去的問題時，危機是可怕的，但當企業能夠在危機中找到出口，將危機轉化為轉機，這對企業來說又是一種不可多得的機遇。

　　目前全世界的 CPU 製造商以英特爾和 AMD 公司佔據主要市場，尤其英特爾公司，更是擁有約 80%的市場佔有率。然而

就是這樣一個電腦界的巨頭，也曾經飽受危機的襲擊，但英特
爾穩中求勝，在危機中及時調整戰略，不但平息了危機，還化
危機為轉機，使其成為如今「霸佔」市場的一個巨頭。

英特爾公司成立於1968年，如今已經有四十年的歷史了。
在CPU製造行業中也佔有舉足輕重的地位，而之所以取得這樣
的成就，大部分的人認為這歸因於他們擁有強大的技術開發能
力，他們的產品品質是一流的、領先的。但卻很少有人知道，
英特爾公司是在一次幾乎面臨死亡的危機中，調整了戰略，有
效的利用危機建立了一套使公司持續發展的機制，最終戰勝了
危機並且奠定了市場基礎。

這次危機發生在1994年底，一位數學教授在使用英特爾
公司生產的CPU的電腦時，發現了晶片的一個問題：教授在計
算一個十分複雜的數學運算時，卻出現了一個簡單的除法錯誤，
這讓教授感到驚訝不已。但這的確出現在了技術一流的英特爾
晶片上。

得知這一消息，英特爾並沒有感到十分驚訝。在英特爾設
計的晶片上，的確存在這樣一個小錯誤，那就是電腦每運算90
億次的除法，就會出現一次錯誤。這是一個極小的機率，因此
英特爾認為這是可以忽略的。

## 站在危機的背後

○○○○○○○○○○○○○○○○○○○○○○

　　儘管這個機率對於普通的用戶來說幾乎是沒有機會發現的，但這個晶片的漏洞，它是確確實實存在的。而這個事實也被 CNN 製作成了短片，並且詳細而準確地對這件事進行了報導。隨後，美國的各個媒體也開始了熱熱烈烈的「宣揚」討論。英特爾沒有想到，作為主要的銷售對象之一，IBM 宣佈停止出售裝有奔騰晶片的電腦。

　　以「每 18 個月推出新晶片」的技術更新成為了行業中榜樣的英特爾大概從來沒有想過自己會成為被指責和被懷疑的對象。媒體對於晶片運算錯誤的報導，使得電腦生產廠商和消費者十分介意。儘管這樣低的機率可能永遠都不會對電腦的使用產生任何影響，但人們似乎更喜歡購買沒有任何運算錯誤的產品。

　　於是，英特爾面臨的已經不再是晶片運算錯誤機率的問題，而是人們對英特爾的信心問題。意識到這一點，英特爾不得不迅速做出調整戰略的決定：免費為所有用戶更換有問題的晶片。

　　這一決定讓消費者看到了英特爾願意承擔責任的態度，也漸漸對其恢復信心。不可避免的，英特爾為這一決定付出了大量的資金代價，事實上，他們花掉了 5 億美金用來平息風波，

包括更換晶片以及大肆的宣傳。

儘管危機平息了，但不能不深究危機背後的原因，以免再一次遭受危機襲擊，英特爾可不想再支付 5 億美元來學會如何汲取教訓。

在這次危機過後，英特爾更加重視處理與用戶的關係，他們會及時為用戶解決問題，與用戶直接聯繫而不是透過任何一個電腦製造商或經銷商。在消費者心中樹立「擁有英特爾處理器的電腦才是最好的」的形象。於是英特爾從一個簡單的「晶片製造商」發展成為「Intel Inside」這樣一個消費品牌。

## 站在危機的背後

○○○○○○○○○○○○○○○○○○○○○

### ◆ 實戰練習：危機的兩種類型

想要以最快、最好的方式平息危機，首先應當知道危機的類型。正所謂「知己知彼，百戰百勝」，危機就如同戰爭中的對手，只有好好的瞭解危機，掌握危機產生的原因和爆發的原理，才能夠找出對付危機的方法。

| 危機的兩種類型 | 結構性危機 | 偶發性危機 |
|---|---|---|
| 特點 | 結構性危機又稱「亡羊補牢」型危機，就如同亡羊補牢的故事一樣，這種危機的出現是因為自己的「羊圈」沒有蓋好，問題出在自身。主要指企業的內部問題。 | 偶發性危機又稱「馬失前蹄」型危機，是指企業在運行的過程中不小心「摔倒」，這樣的危機出現是因為偶然的因素，是種偶發性危機。 |

| 危機的兩種類型 | 結構性危機 | 偶發性危機 |
|---|---|---|
| 產生原因 | 結構性危機通常源於企業內部，並且這種危機產生的原因絕不是短時間內造成的，而是由於企業內部的問題，很早就存在於企業中，經過一段時間蘊釀而形成，由一兩件事的導火線，引爆危機。<br>這種危機爆發的原因可能只是一些企業認為的「小毛病」，可能只是類似於員工遲到之類微乎其微的問題，但由於企業不注重自我監督和自我檢查，導致危機的發生。 | 偶發性危機的產生原因多是企業不能預測的事件，比如天災、戰爭、經濟蕭條等。在這些因素面前，由於企業顯得有些微不足道，所以再強大的企業都無法與之抗衡，只好做好應對措施。<br>其他同類企業的危機也能夠給企業本身帶來麻煩，因生產相同的產品或者經營類似的專案，會使企業之間產生關聯性，當其中的一個企業發生危機而導致消費群體的不信任時，就會把這種懷疑也帶到其他企業身上，因而導致了行業性的危機。 |

## 站在危機的背後

○ ○ ○ ○ ○ ○ ○ ○ ○ ○ ○ ○ ○ ○ ○ ○ ○ ○ ○

| 危機的兩種類型 | 結構性危機 | 偶發性危機 |
|---|---|---|
| 解決方法 | 這類危機一旦已經爆發，後果真是不堪設想，很難在短時間內得以解決。對付這種危機的最好方法就是預防和檢查。無論是對於企業的制度結構、人事安排、日常作息，都要定期進行檢查和監督，透過各個環節的檢查和彙報，及時發現潛藏的「殺機」，及時解決問題，避免危機的發生。 | 對於偶發性危機，不能夠用預防或者檢查的辦法來解決。對於企業來說，在這種危機發生時，考驗企業的將是應變能力以及對於突發事件的心理承受能力。<br>因此，企業應當具備良好的心理素質以應對突發事件的發生，並且以沉著冷靜的態度尋找應對方案。 |

隨時要為最壞的狀況做準備

○ ○ ○ ○ ○ ○ ○ ○ ○ ○

# CHAPTER ④

# 方法其實有很多

「條條大路通羅馬」，這句話原本是激勵人們獲得成功的，而現在它已經不再局限於這一個方面了。不管想要達成何種的目的，方法總是多種多樣的，解決危機也同樣如此。

儘管在解決危機時有基本的態度和原則，但這並不能限制處理危機的方法可以多種多樣。事實上，解決危機的具體方法是無跡可尋的，在不同的外部和內部環境下，同類的危機也有著不同的解決方式。

# 1.
# 宣傳，借助媒體的力量

就算謠言完全是捏造的假的，人們似乎更傾向於「寧可信其有，不可信其無」的說法。

在演藝圈裡，明星們最怕狗仔隊，尤其當狗仔隊們掌握了一些明星們的「祕密」時，就更讓他們更加惶恐。這是因為他們害怕自己的隱私被揭露，不想自己的私生活完全曝光在大眾面前。儘管如此，有越來越多的明星學會善用媒體，利用炒作新聞、製造緋聞來增加自己的知名度。

媒體的功能在於報導新聞，但所報導的新聞未必100％是事實，不管是明星的八卦消息，還是其他的社會新聞，都不能

## 方法其實有很多

○○○○○○○○○○○○○○○○○○○○○

排除新聞不真實的問題。當然，這並不是新聞的撰寫者想要故意造假，只是有些時候他們所知道瞭解的也未必是真相，儘管他們一直想要努力瞭解真相。

即便媒體報導了社會上確確實實發生的事情，但這些現象未必就是事實真相，只有經過調查和不斷地挖掘才能得出真相結果。

既然媒體會第一時間報導他們認為有價值的新聞，企業就應當掌握這樣的規律來為自己進行宣傳，在企業面臨危機時就更應當如此。

事實上，很多企業在發生危機時，總會不惜一切代價躲避媒體，不想讓媒體知道或儘量拖延危機公諸於眾的時間。但一條封鎖的再嚴密的消息也總有被透露出去的可能，而且還可能是被扭曲事實誇大著透露出去的。與其讓媒體知道不真實的或者片面的新聞，而對企業的形象有所損害，還不如在危機發生時，就老老實實地將真相說明。

Parkinson 是著名的公關專家，他認為在危機發生時，消息的傳播會造成事實的失真。在人們不斷傳播消息的過程中，很容易添加或遺漏，以使得黑白顛倒。而危機發生者給出的「無可奉告」、「不清楚」、「不瞭解」一類的答覆更容易引起人

們的猜疑，並且能夠促使不正確報導的頻頻產生，使公眾對危機發生者產生懷疑。

當人們不瞭解一件事情時，就會對其神祕感產生莫名其妙的好奇和關注，於是每個人都會變成或想要變成福爾摩斯一樣的偵探，根據各種消息，甚至當事人的表情動作推測事情的可能性，因此，也就產生了關於危機的 N 個版本，原本的 N 個推測的版本經過大家的一傳十、十傳百，最終就被認定為「事實」了。

在危機中，能夠借助媒體，在第一時間傳播正確的消息，這對於企業擺脫流言是非是百利而無一害。掌握消息散播的主動權，這樣企業才能用更多的精力處理危機。

孫先生是一家家用電器製造廠的老闆，由於電器的銷路越來越好，孫先生準備擴大規模以謀求更高的利潤。由於一時疏忽，孫先生只注意擴大生產規模，而沒有相應品質檢驗部門的組織規模和增加檢驗量，導致很多出廠的電器出現了品質問題：很多消費者投訴這家工廠生產的小家電有漏電現象，還好很多是使用電池的電器，否則就會對人身造成極大威脅。

當這個消息第一次出現在媒體上時——顯然那是一家不太起眼的雜誌，孫先生並沒有在意，他對自己的產品十分信任，

## 方法其實有很多

在他生產經營小家電的這幾年裡，從來沒出現過一例品質問題。於是，孫先生還是繼續整天忙著如何擴大生產以及拓展銷路。但是這消息就好像感冒病毒一樣快速的散播，很多消費者都知道這家公司生產的小家電品質有問題這件事，而幾個銷量較高的報紙也相繼報導了這件事。這使得孫先生不得不去關心這個問題了。

於是，孫先生回到公司，要求檢驗人員加班作業，對最近生產還未出廠的一批產品進行詳細檢驗，結果並未發現報紙雜誌上所說的漏電現象。難道是有人惡意造謠？孫先生透過雜誌社，找到了最初投訴的那個消費者，請他說明事情經過，結果孫先生發現，原來是這位消費者自己使用不當，導致電器損壞，才會出現漏電現象。

孫先生以為自己已經瞭解到了事情的真相，並將其公之於眾，這樣便能挽回公司的聲譽。但事情並沒有想像的那樣簡單，由於孫先生調查公佈這件事情有些遲，導致公司產品品質不合格的印象已經深入人心，而且事隔這麼久公司才給出官方答案，使很多消費者都認為這是他們收買了那個投訴者，最後達成協議，於是編造出了這樣的謊言。

總而言之，人們似乎更傾向於「寧可信其有，不可信其無」

的說法，相信孫先生公司生產的小家電品質並不是有保障的。結果不用說了，孫先生的公司沒撐多久就不得不宣告破產。

如果孫先生能夠在發現問題時，第一時間尋找原因並及時與媒體保持聯繫，說明情況的話，就一定不是「破產」這樣的結果。甚至有可能因為媒體對於這件事情的報導而為公司免費做了一個廣告。

### ◆ 實戰練習：危機傳播方案的內容

當危機發生時，應當制定正確的危機傳播方式，讓危機發生者親自告訴大眾發生了什麼，不要讓謠言惑眾。一個有效的危機傳播方案應當包含以下內容：

#### ♠ 公眾利益為首

當危機發生時，應當以公眾的利益為出發點，尋求解決方案。

#### ♠ 掌握主動權

要掌握媒體報導的主動權，大部分的媒體想要報導的都是事實真相，所以無論發生什麼事情，都要向媒體主動發佈消息，不要等那些小道消息成為主導。

## 方法其實有很多

○ ○ ○ ○ ○ ○ ○ ○ ○ ○ ○ ○ ○ ○ ○ ○ ○ ○ ○ ○ ○

### ♠ 媒體匯總

要確定資訊可能透過哪些途徑傳播。

### ♠ 準備資料

準備危機的背景資料和相關資訊，隨時準備根據情況補充。

### ♠ 專人處理

建立專門的部門和人員處理與外界有聯絡窗口。

### ♠ 確保通話

在危機發生期間，確保外界的電話能夠隨時接通，不要給外界「避而不答」的印象；並且確保與外界通話的人能夠「訓練有素」的應變。

勇敢的面對媒體，而不是躲避媒體；巧妙的利用媒體躲避危機，而不是因媒體的報導擴大危機。正確的應對媒體能夠使企業更好、更快的擺脫危機。

# 2.
# 你是被告還是原告？

當企業受到無辜牽連而發生危機時，千萬不要抱著推脫的態度，看到不是自己生產的產品就撒手不管了，這樣只會有損自己的名譽。

「怎麼會出這樣的事？」

「我們的產品不是一項把關很嚴嗎？怎麼會有品質問題？」

「聽說老闆最近為這事很頭疼呢？」

「要是公司因為這件事倒閉的話，我們豈不是也要拍拍屁股走人？」

## 方法其實有很多

○○○○○○○○○○○○○○○○○○○○○○○

......

陳先生的公司最近發生了一件大事，搞的公司裡人心惶惶，很多員工都在議論紛紛。

陳先生的公司是一家生產木製傢俱的小企業，雖然規模不大，但因為所生產的傢俱款式新穎獨特、結實耐用而備受好評，所以銷量和利潤一直讓陳先生感到滿意。

儘管陳先生沒有將自己的公司推到「高級」的級別上，但他認為至少他們所生產的產品能夠贏得消費者的信任。

但是最近在一個報紙上卻意外地出現了一條新聞，一對老年夫妻購買了一套傢俱，在使用了不到一個月時竟然就發現傢俱出現了裂痕。於是這對老夫妻來到經銷商那裡希望能夠更換或者得到免費維修服務，畢竟使用了一個月就出現品質問題的傢俱不多，而這顯然是生產廠商的錯，經銷商也必須要承擔溝通的責任。

可是沒想到經銷商將責任推給了生產廠商，他們以生產廠商已經退出該傢俱商場為由，要老夫妻自己去找生產廠商索求賠償。

老夫妻費了好大的周折，找到了生產廠商所在的地址，卻發現這裡已經變成了工地。與經銷商打了幾次交道後，老夫妻

徹底放棄了索賠的希望，整件事讓倆人氣憤不已，於是他們將事情的經過詳詳細細的說給了報社的人聽。於是幾天後，這段曲折的故事便出現在大街小巷。

這件事之所以影響了陳先生的公司，就是因為老夫妻所購買的傢俱和陳先生公司所生產的傢俱是同一個牌子。

不用說，所有的人都覺得陳先生的公司生產了品質不合格的傢俱，並且還試圖推卸責任。但是為什麼老夫妻當初找到的地址卻不是陳先生公司的地址，這些人們並沒有理會。

經過報紙的宣傳，陳先生的公司被揪了出來，消基會也找到了陳先生。可是陳先生自己也是一頭霧水：他不相信自己的公司能夠生產出短短的一個月就出現有問題的不合格產品；而老夫妻去找的地址也不是自己公司的位置，事實上，他的公司從未更換過地點。

但是不管怎樣，的確是「自己公司」的產品出了問題，一定要查個水落石出才是。陳先生派公司的技術人員到老夫妻的家裡查看傢俱的受損狀況，看到了傢俱，一切就清楚明白了，技術人員指出，這根本不是他們公司生產的產品，雖然是同一個牌子，可是陳先生公司生產的全部是樟木製造的，從未使用過其他材料，而老夫妻購買的不過是普通的杉木。很顯然，有

人冒充了陳先生公司的牌子生產了仿冒品。經過消保官的檢驗，也得出了相同的結論。

雖然是真相大白了，但老夫妻的冤情卻無處可訴，雖然整套傢俱的價格並不高，但對於這對老夫妻來說也是一筆不小的花費。儘管與自己的公司無關，陳先生並沒有就此作罷，而是按照類似的樣式送了一套自己公司生產的傢俱給這對老夫妻。

報社對這件事進行了長篇的報導，不但為陳先生的公司澄清了冤屈，還對陳先生的行為大加讚賞。同時呼籲大眾找到仿冒的黑心商人。經過這樣的「廣告」宣傳，陳先生的公司又再擴大生產規模，才足以滿足消費者的需求。

陳先生對於這件事的處理，將被告的身分轉為原告，不但擺脫了公司名譽掃地的危機，相反，公司卻因為事情的妥善處理而聲名大噪。

企業的效益好、產品受到消費者的青睞時，就難免會有一些抄襲者。而這些抄襲者絕不會管你名譽問題，他們的目的只有降低成本、增加利潤，這樣生產出來的產品有品質問題一點兒也不奇怪。但是出了問題誰來背黑鍋，自然是已經有所聲望和地位的真正品牌的公司企業。

所以，當企業成為被告，而又的確是冤枉的時候，一定不

能放任不管，抱著「走自己的路，讓別人去說吧」的態度，這只會自取滅亡。既然是被冤枉的，就要想辦法擺脫「被告」的身分，追究事情的真相，讓企業徹底遠離危機。

### ◆ 實戰練習：無辜被牽連，你懂得處理嗎？

當企業受到無辜牽連而發生危機時，千萬不要抱著推脫的態度，看到不是自己生產的產品就撒手不管了，這樣只會有損自己的名譽。在這種情況下，企業不但要管，還要一直管到底，查個水落石出。但是在處理這種危機時，一定要注意過程中的細節。

### ♠ 對待消費者的態度

在處理這類危機時，一定要讓消費者看到自己能夠承擔任何責任的態度和決心，即使自己是被冤枉的。撫平消費者的怒氣，才能夠讓他們冷靜下來，理智地看待整件事情。如果消費者總是怒氣衝衝的，對企業失去信任，那企業就是長了一百張嘴也是說不清楚的。

### ♠ 對待媒體的態度

與媒體聯合，向媒體公開。既然是冤枉的，既然冒牌的產品不是自己生產的，那就沒有任何需要躲避、隱藏的。而媒體

## 方法其實有很多

○ ○ ○ ○ ○ ○ ○ ○ ○ ○ ○ ○ ○ ○ ○ ○ ○

的宣傳正是幫助自己擺脫「罪名」的最好幫手。讓媒體從企業那裡取得正確的第一手資料，總比封鎖媒體，讓他們不得不去挖掘一些謠傳的小道消息更好。

### ♠ 擺明自身的立場

在整件事情中，要擺明自身的立場。要擺脫「被告」的身分，說明企業本身也是假冒偽劣的「受害者」，也是「原告」，而企業之所以如此關注，如此大費周章的耗費人力物力調查此事，也就是為了證明自己的清白。

# 3.
# 學會負起責任

當危機發生時，公眾的焦主要集中在利益和感情上。一方面，他們並不希望自己的利益受損，另一方面，他們也能夠帶有感情色彩的去看待整件事。

從推銷員，到福特汽車公司的總裁，再到克萊斯勒公司的CEO，在李·艾科卡的管理詞典中，能夠承擔責任是一項重要原則。

從基層的推銷員做起，22歲時他還只是一個無名小卒。而經歷了福特公司總裁的耀眼身分之後，卻不幸成為一場內部權力戰爭的犧牲者，53歲的他不得不承受煉獄之苦。被亨利·

## 方法其實有很多

○ ○ ○ ○ ○ ○ ○ ○ ○ ○ ○ ○ ○ ○ ○ ○ ○ ○

福特解雇後，並沒有一蹶不振的他，用最強有力的招式回擊了老東家，在他的領導之下，原本已在垂死掙扎邊緣的克萊斯勒汽車公司不但起死回生，還成為福特最為頭疼的競爭對手。

然而就是這樣一位在領導能力和意志力上都無話可說的管理者，同樣不可避免發生錯誤。

1987 年，克萊斯勒汽車公司面臨著一個嚴峻的挑戰，一條控訴和一張罰單即將成為阻撓公司發展的重大危機。公司的兩位管理人員是控訴的對象，原因在於他們在測試汽車時，將汽車里程表的線拆開，所以當消費者購買的時候卻不知道他們的汽車是已經駕駛過一段距離的。同樣被當作新車出售的還有一些在測試中受到損壞而經過修理的汽車。

這樣的消息無疑會影響消費者對克萊斯勒公司的信心，一旦消息散播出去，每個消費者都不能保證自己所購買的究竟是新車還是「二手車」。

但是最糟糕的是，這個錯誤——艾科卡認為——是由於自己的疏忽大意而被遺忘的。就在前一年，艾科卡在某處的工廠檢查的時候，工廠的負責人就曾經提到過某起「交通事件」：工廠的一個員工曾經因為超速駕駛而被員警抓住，並且這位員工還說了一些似乎不太應該的話，想以此為自己的違規駕駛開

脫。他表明並不清楚自己的駕駛的速度，因為他所駕駛的汽車速度表的線是並未接上的。

員警認為這樣的事極不正常。而艾科卡在聽到這件事時並沒有將此事放在心上，在汽車行業中，為了測試汽車的缺點，員工駕駛新車上路這是很正常的事。而根據艾科卡在福特的經驗，他們會將里程表的線拆開，這樣他們就能夠把測試過的汽車當成新車以正常的價格賣出。因此，艾科卡認為這樣的測試是無可厚非的。

儘管在很多汽車公司都會有類似的行為，但湊巧克萊斯勒公司的這種行為被員警發現了，而他們同樣不知道員警已經針對此事展開了調查。

這件事不但引起了員警的興趣，更引起了媒體的廣泛關注，很多媒體以「克萊斯勒是製造二手車」的話題展開討論，這不但損害了克萊斯勒公司的形象，更讓消費者的信心瞬間流失，他們都在為自己已經購買的克萊斯勒公司的汽車而擔心，究竟自己所購買的是否真的是一輛「二手車」。

當艾科卡發覺到事態嚴重時，便立刻召開了會議，趕快行動起來，因為公司已經到了生死存亡的關頭。

此時最重要的自然就是搞清楚究竟發生了什麼。經過調

## 方法其實有很多

○ ○ ○ ○ ○ ○ ○ ○ ○ ○ ○ ○ ○ ○ ○ ○

查，他們的確出售了受損汽車。這些汽車是在測試的過程中受損的，儘管受損的程度非常小，而且受損後的修理花費了更多的美金，但沒有一個消費者願意承受買到新「二手車」的結果。

在瞭解到實際情況之後，艾科卡決定以昂貴的代價收回已經賣出的 40 輛受損汽車，儘管這其中有些已經幾乎變成了破銅爛鐵。

「無條件的召回受損汽車」不管那些汽車是完好無損還是已經不成樣子，並且他們會得到一輛價值相同的新車作為補償。而對於那些在測試過程中拆開里程表的車輛，克萊斯勒公司也將給予極大的優惠：保修期延長兩年，並且提供汽車主要系統的全面保修，這其中的每一項優惠都價值幾百美元。

而在實施各項政策之前，艾科卡首先召開了新聞發表會，並當眾承擔了自己的責任，他承認公司的這種行為是十分愚蠢並且不可原諒，並且保證這種情況不會發生第二次。

當事件發生時，克萊斯勒公司進行了一項調查：就在出事後的第 4 天，在購買汽車的主要人群—— 21 歲以上的人口中，超過半數的潛在消費者得知了這一消息，而他們之中有一半以上都認為這樣的行徑是可惡至極。不用說，這樣的公眾反映一定會影響公司未來的發展。

　　而在艾科卡公開發表道歉的言論，人們真真實實地看到克萊斯勒公司做出的補償行為時，又一項調查顯示，他們已經平息了公眾的憤怒，並且重新贏得了客戶的信任。

　　事實上，當危機發生時，公眾的焦點主要集中在利益和感情上。一方面，他們並不希望自己的利益受損，另一方面，他們也能夠帶有感情色彩的去看待整件事，當然這種感情色彩往往來得比平常更加強烈。

　　如果企業在發生危機後所採取的處理方式是不去理會消費者的損失，這就會激發矛盾，最終會導致企業的聲譽嚴重受損，而企業未來的發展也將是前途黯淡；但如果企業能夠主動承擔責任，以犧牲自身的利益為代價，來保證消費者的利益，那麼損失只是暫時的，企業最終會贏得大眾的信任和愛戴。

**◆ 實戰練習： 你有承擔責任的勇氣嗎？**

　　在朋友家做客的時候，看到一個角落裡的物品很精緻，於是想要拿起來看看，結果不小心弄壞了一點，這時剛好朋友在隔壁房間講電話，沒有聽到。你匆匆收拾好，假裝什麼都沒發生過。你覺得自己可能弄壞了什麼東西？

## 方法其實有很多

○ ○ ○ ○ ○ ○ ○ ○ ○ ○ ○ ○ ○ ○ ○ ○ ○ ○ ○ ○

A‧瓷器掉了一小塊皮，幾乎看不出來

B‧很難組裝的模型弄散了

C‧在一個精緻的布娃娃上灑了有色飲料

D‧工藝花掉了幾片花瓣

**◆ 測試結果**

**♥ 選 A**

你能夠勇於承擔責任，並且十分積極。你承擔責任的動作實在太快了，有時候經常連自身以外的責任都一併承擔，這會讓身邊的人覺得摸不著頭腦，而且這種替別人頂罪的行為常常會讓真正有責任的人逃脫。

**♥ 選 B**

基本上你是一個知道自己有錯就會主動承擔責任的人，但問題是通常情況下，你就搞不清楚狀況，不知道哪些是自己的問題，而哪些不是自己的問題，所以常常在該承擔責任的時候卻冷眼旁觀，給人一種逃避責任的感覺。

**♥ 選 C**

你是一個有責任心並且十分可靠的人，你能夠分清事情的原委，比誰都清楚誰是主要的責任者，所以，對於那些你必須承擔的責任，絕不會逃脫，而對於那些想要賴在你身上的事，

你也絕不會替人背黑鍋。

♥ 選D

你的責任感很強，不過也很要面子。即使是很小的錯誤，你也會第一時間站出來承擔，但之後就會異常小心，為了避免發生同樣的問題，你得小心常常會讓周圍的人局促不安，這樣做可有點兒神經兮兮呢！

Better safe
than sorry

# 4.
# 防守也是一種手段

不如先做好自身的防守，「以守為攻」！讓對方先去消耗
實力，自己靜觀其變。

「最好的防守就是進攻」，對於企業的發展來說，這是一
條重要原則。企業想要發展就一定要推陳出新，主動出擊，不
能等到戰火燒到城門邊上了才開始商量對策。但是在危機處理
的過程中，有些時候「防守」也是一種手段。

從古至今，從戰略家到企業家，進攻前要先做好防守，這
已經成為最基本的道理。簡單如居家過日子，大部分的人都知
道要有最基本的生活保障，吃飽穿暖，才會去想奢侈品和奢侈

的生活。也就是所謂的物質基礎與上層建築的關係。

一個人還沒有吃飽穿暖，就想著住別墅、開跑車，這根本就是不切實際的；

在現在的經濟形勢下，當大部分的人都在為經濟不景氣而可能引起的失業問題擔憂時，先保住自己的飯碗再去思考未來的發展，這才是正確的思路；

一個企業想要擴大規模，首先應當在現有規模的基礎上，獲得了一定的利潤，甚至是相當可觀的收益。如果一個正在虧損中的企業去談擴大規模那幾乎是妄想；

甚至達到一個國家的發展規劃也同樣如此，在鞏固現有的成果基礎上，才能夠去想進一步的發展。

在春秋末年，有一位謀略非凡的將軍叫做伍子胥。吳王十分賞識他的才華，於是請他來吳國訓練自己的軍隊。當吳王看到伍子胥的訓練方法時，甚是惱怒，因為伍子胥並沒有教士兵們進攻的方法，而是在告知他們打敗仗後應當怎樣處置。難道自己的軍隊就只能打敗仗嗎？

不過出於對伍子胥的尊重，吳王還是決定詢問一下這樣訓練的理由，說不定這就是他的與眾不同之處。

果然如此，伍子胥的解釋頓時讓吳王打消了疑慮。原來伍

## 方法其實有很多

○ ○ ○ ○ ○ ○ ○ ○ ○ ○ ○ ○ ○ ○ ○ ○ ○

子胥是希望士兵們能夠首先懂得防守，只有堅固了自己的後防線，沒有了後顧之憂，才能夠打好勝仗。否則，當士兵們看到形勢不妙時，就會方寸大亂，不知道應當怎樣防守，最後就會輸得一敗塗地。所以有些時候，訓練防守比訓練進攻更加重要。

而在危機管理中，防守同樣是一塊不容忽視的陣地。早在三國時期，諸葛亮就懂得以守為攻的道理，「空城計」是以防守來擺平危機家喻戶曉的故事。以不變應萬變，這也是處理危機時的重要原則。

A、B 公司都是生產保健食品的公司，由於現在人們對於健康的關注，保健食品的需求量越來越高，這個行業的前景也越來越被人看好，因此，很多投資者都把目光投向了保健食品行業。

投資的人多了，競爭也就越發激烈，為了在競爭中得以生存發展、牟取暴利，某些投資者就採取了特殊手段，改變保健食品中各成分的比例，減少有重要功能但成本較高的原料，增加輔助材料。不過通常這樣的做法帶來的結果是，顧客在使用這種保健食品時的效用並不明顯，但至少這樣不會影響使用者的身體健康。

可是這樣似乎還不足以達到暴利的目的。報紙上突然出現

了某些消費者在食用了某種保健食品後，病情加重的事件。經過消基會的檢查發現，原來生產這種保健食品的廠商為了使短期效果明顯，不經批准私自添加了某種成分，而這種成分雖然能在短期達到一定的效果，長期服用卻是對身體百害而無一利，反而會加重病情。

這個消息一刊登出來，造成了惡劣的社會影響。而那些購買了保健食品的人們也開始持懷疑的態度，誰都不能確定自己是否也買到了類似有副作用的產品。

A、B兩個企業也被捲入到了危機當中，更湊巧的是，這兩家企業生產的主要產品恰恰就是發生問題的那種商品，由於人們對出問題的保健食品的懷疑，使得A、B兩家企業當月的銷售量也大幅度的減少了。

A公司並沒有意識到這個危機將會擴大的趨勢，認為自己的產品沒有任何品質問題，銷量減少不過是短期行為。於是只在公司內部做了簡單調整：縮減原料採購部門、生產部門的採購、生產計畫，增加行銷部門的工作量。A公司認為只要做好銷售工作，對產品的品質嚴格把關，企業就能夠安然度過這場危機。

與A公司不同，B公司認為就算自己的產品沒有任何問題，

## 方法其實有很多
○ ○ ○ ○ ○ ○ ○ ○ ○ ○ ○ ○ ○ ○ ○ ○ ○ ○ ○

絕對安全，也難免不會被殃及池魚。為了保證自己的聲譽不再危機中受到牽連，就要作出聲明。於是 B 公司在各大媒體刊登了「至消費者的公開信」，在信中表明了 B 公司堅守品質把關的立場，對於保健食品風波中的患者，B 公司會給予資金和實物支持……

當所有人都對保健食品有所懷疑時，這一舉動不但讓 B 公司遠離了危機，還在危機中進一步提升了在消費者心中的形象。

A 公司由於受到危機的牽連，銷售量連續遞減，雖然他們的產品並沒有任何品質問題，可是人們還是抱著「寧可信其有，不可信其無」的態度，只有少數長期服用的老客戶一如既往的支持，直到消基會對所有保健公司的檢驗結果公佈了檢驗合格的企業之後，A 公司才艱難的恢復了元氣；而 B 公司則不同，由於發表了公開信，使得消費者對於他們的產品信任有加，很多「離不開」保健食品的消費者紛紛把信任交給這家有「責任感」的公司，在危機發生後，B 公司的銷售量卻節節飆升，占據了保健食品市場的主要區塊。

同樣的處境，兩家企業卻作出了截然不同的反應。一個是無動於衷，慘遭牽連；另一個則是積極防禦，不但避免了危機還提升了企業形象。

可見，在危機中要懂得保護自己，做好防守工作，才能夠在危機中立於不敗之地。

### ◆ 實戰練習：如何在危機中做好防守

都說「最好的防守方式就是進攻」！然而進攻必然會比防守消耗更多的體力和精力，在企業危機發生的狀況下，這種進攻的方式必定會讓企業耗盡真氣，儘管如此，也未必能夠做出有力度的攻擊。因此，在這種狀況下，不如先做好自身的防守，「以守為攻」！讓對方先去消耗實力，自己靜觀其變。

#### ♠ 財力防守

資金是危機中不容忽視的問題，企業會受到危機的影響減少收益，而為了擺平危機又需要更多的支出，這勢必會使公司的資金變得緊張起來，此時如果不能有效的控制資金的運轉，就會使企業變得一團糟。

#### ♠ 人員防守

當企業發生危機時是員工最為敏感的時期，這時候一定要穩定員工情緒，防止人員的流失。

## 方法其實有很多

○ ○ ○ ○ ○ ○ ○ ○ ○ ○ ○ ○ ○ ○ ○ ○ ○

### ♠ 客戶防守

當企業出現負面新聞時，最為擔憂的不只是公司的管理層，同樣還有客戶，他們會基於自身的利益而尋找新夥伴，一旦企業不能挽留住客戶，就會遭遇到「屋漏偏逢連夜雨」的悲慘局面。

# 5.
# 當對手出現危機

對手出現了危機，並不代表自己就完美無瑕。很多時候，對手今天的麻煩也可能成為自身未來的麻煩。

「什麼？在對面陳記的麵裡吃到了頭髮！」鄭老闆的表情很複雜，不知道是在為自己高興，還是在替對手感到難過。

陳記和鄭記是小吃街上的兩家麵館，兩家的生意實力相當。雖然小吃街上的麵館很多，但唯有陳記和鄭記經營得特別出色。一直以來，兩家都是對方強有力的競爭對手。

最近衛生署對小吃街進行衛生檢查和整頓，在這個節骨眼上，陳記的麵裡吃出了頭髮不是正好。這次事件對於陳記無疑

## 方法其實有很多

○ ○ ○ ○ ○ ○ ○ ○ ○ ○ ○ ○ ○ ○ ○ ○ ○ ○

是一個重大危機，而對於鄭記卻是一個機遇，少了一個強勁對手，是不是應當趁此機會把陳記打垮。

經過自己的商討和計算，鄭老闆決定採取降價、優惠卡等措施，打算趁著陳記歇業整頓的這段時間把顧客都拉過來並且牢牢地抓住，這樣就算陳記再度開張，也很難在與鄭記抗衡。

出乎鄭老闆的意料，透過降價、優惠卡的措施，他們的客戶不但沒有增加，反而比平時更少了。這真是讓鄭老闆百思不得其解，問題究竟出在哪兒？

一個經常光顧的顧客無意中的一句話讓鄭老闆找到了答案，「陳記關門，你們家又降價，總覺得這麵做得沒有從前好吃了。」

鄭老闆恍然大悟，陳記因為衛生問題關張歇業，經常光顧的人知道了其中的原因也就會對鄭記的衛生倍加留神，雖然沒找到什麼頭髮、蒼蠅之類的證據，但是鄭老闆的優惠措施卻讓顧客們覺得「便宜沒好貨」了。

對手出現了危機，並不代表自己就能夠輕而易舉的少了競爭，多了市場，從此就可以高枕無憂了。相反，越是對手出現危機時，就越應當把這當做一種警惕的信號。

### ◆ 信號一：檢驗自身是否具有同樣的麻煩

對手出現了危機，並不代表自己就完美無瑕。很多時候，對手今天的麻煩也可能成為自身未來的麻煩，事實上，自身同競爭對手一樣脆弱、不堪一擊，或者自身也面臨同樣的問題，但是程度還沒有那麼深。

所以，當對手出現危機時，首先就應當檢驗自身是否具有同樣的問題，這樣的問題或者類似的問題會不會也使自己的企業陷入困境。如果這樣的危機爆發了，自己又應當怎樣做？

當百事可樂發生針頭事件時，可口可樂並沒有趁機佔領市場，或者借此機會大肆的炒作，而是靜觀其變，對事態的發展抱著十分關注的態度，並且準備了詳細的危機預警方案，準備隨時應對未來可能發生的變化。

### ◆ 信號二：對手的危機是否會連累自身

作為同一個行業的競爭對手，有些時候對手發生的危機會輕易的連累到相關的公司。當一個醫藥製造廠生產的藥品出現品質問題時，消費者就會對其他藥品也抱著小心翼翼的態度，甚至提出苛刻的條件；當一家美容產品中發現了違規的成分後，其他的美容產品公司也會被徹底調查……

有時候，一家企業的危機往往會演變為整個行業的危機。

## 方法其實有很多

○ ○ ○ ○ ○ ○ ○ ○ ○ ○ ○ ○ ○ ○ ○ ○ ○ ○ ○ ○ ○ ○

所以，當對手出現危機時，要分析這樣的危機會不會像烈火一樣蔓延到自己的公司來，如果出現了蔓延的趨勢，自己應當如何應對來擺脫危機。

很對人懂得利用商機為自己謀取利潤，但很多時候這樣的商機卻隱藏著巨大的危機，如果不能妥善處理，便會演變為整個行業的危機。

1995 年，在即將召開夏季奧運會的亞特蘭大，一位房東公開聲明，表示自己將不再與租戶續約，他打算用空下來的房子，在奧運會舉辦期間大撈一筆。不可否認，這的確是一個大好的商機，而在這樣的商機下，2 到 3 個星期的收益要遠比租給固定住戶大得多。但是這一消息引起了租戶們的恐慌，即使是 2、3 個星期，對他們來說也是很大憂慮，如果他們租不到房子要到什麼地方棲身呢？

而這一決定也讓亞特蘭大所有的房東們尷尬了起來。他們可並無此意。於是，亞特蘭大的房東組織起草了一份宣言，承諾不會中止與任何租戶的租期，只要他們想住，就可以租到任何時候。90％的房東們贊同這一宣言並簽字表示支持。最後，就連那個有「眼光」的房東也放棄了原本的打算。

試想，如果其他房東沒能及時想出辦法制止這樣的行為，

就很可能會爆發房東與承租戶之間的危機。房東可以肆意中斷租賃的合約，那麼住戶就可以永遠不租他們的房子，一旦出現這樣的結果，房東們就會變得毫無收益，整個行業便會面臨前所未有的大危機。

危機能夠轉化成商機，但是前提是在解決危機的同時找到商機，否則，危機會頃刻間變成企業的通緝令。所以，當對手出現危機時，不要衝動的以為自己的機會來了，便不加考慮、毫無防備的展開行動，如果沒能認清危機的真相，冷靜地分析敵我關係，就很可能導致自己被牽連到危機中的悲慘結局。

### ◆ 實戰練習：對手的危機，防守還是利用？

| 對手發生危機時，自己的情況 | 防守或利用 |
| --- | --- |
| 與對手具有一樣的問題 | 這個時候適宜採用「防守」策略，借此機會找到自身的問題所在，並妥善的處理，避免自己的問題也演化成不可收拾的危機。 |

## 方法其實有很多

○○○○○○○○○○○○○○○○○○

| 對手發生危機時，自己的情況 | 防守或利用 |
| --- | --- |
| 檢查自身的組織結構是否具有抗衡能力：<br>是否具備足夠的人力資源；<br>是否具備足夠的資金；<br>是否具備足夠的設備；<br>…… | 有些人認為對手出現了危機，就變得手無縛雞之力，任由你怎樣攻擊他都無力抗衡了。<br>有句話「瘦死的駱駝比馬大」，有些實力雄厚的企業就算發生了危機——很可能只是很小的危機，也比那些不起眼的小企業厲害。<br>所以在針對對手展開攻擊前，先要看看自身的組織結構是否具有抗衡能力，可千萬不要自不量力啊！ |
| 與對手實力相當，且不具有對手的問題 | 先防守再利用。首先為自己制定危機方案，在攻擊對方的過程中，誰都不能保證對手會不會來個回馬槍，所以要徹底檢驗自身的情況，是否具有某項缺陷，如果對方攻到自己的要害應當怎樣處理等。<br>做好了準備就可以利用對方應接不暇的時刻，給對手來個火上澆油，利用對方的危機將其徹底打垮或者趁機提升自己的市場版圖。 |

# 6.
# 在危機中發現商機

角度不同能夠給人們新的視角，對消息的把握和聯想程度不同，也會產生不同的結果。

南宋時，杭州已是十分繁華的都市了。人們不再過著單純男耕女織的生活，偶爾也想要聽聽戲、購購物，買點兒奢侈品放在家中陳列，或是買幾塊上好的綢緞。有了需求就一定會有人滿足他們的需求，於是，在杭州市的中心地帶慢慢形成了一條有飯館、戲台娛樂為一體的商業街。

一天，這條商業街中的一家商店起了火，火勢蔓延得極快，由於那時沒有先進的消防設備和專業的消防隊伍，人們只能抓

## 方法其實有很多

○ ○ ○ ○ ○ ○ ○ ○ ○ ○ ○ ○ ○ ○ ○ ○ ○ ○ ○ ○ ○ ○

緊時間挑水來滅火。可是挑水的速度怎麼能比得上烈火燃燒的速度，一會兒的工夫，大火就把整條街的商鋪吞噬得乾乾淨淨。

這簡直要了那些商家的命。可是其中有一個富商卻毫不在意，就好像自己的商鋪倖免於難了一樣。事實上，他大半輩子的心血都在這條街上，而且也都付之一炬了。當大火開始蔓延時，很多商人都讓夥計和奴僕衝到火海中為自己搶救財寶，但是這位富商卻不慌不忙的指揮自家的人迅速撤離，神態悠然自得，讓旁觀者感到不解。

富商沒有在意被大火摧毀的財寶，更沒有為此事著急上火，相反，富商開始不務正業起來。原本經營珠寶等奢侈品的富商，突然從長江沿岸收購木材、毛竹、磚瓦、石灰一類的建築材料，更讓人感到困惑的是，這些材料買回來之後，富商又開始沉寂起來，每天喝喝茶、品品酒，逍遙自在。

正當眾人對富商的行為感到疑惑不解時，朝廷的一道聖旨讓眾人看到了富商的聰明才智。

原來經過數十日大火的洗禮，整個杭州城原本車水馬龍的景象一去不復返，取而代之的是房屋倒塌的狼藉場面，對於這樣大型的災難，尤其是發生在大都市的災難，朝廷怎麼可能坐視不理。得知了杭州城失火的消息後，朝廷決定撥款重建杭州

城，恢復往日繁華的景象。

為了修復杭州城，朝廷還頒佈了優惠政策，凡經營銷售建築材料的商人，稅款一律全免。

杭州城頓時開始了大興土木的熱鬧場面，但是要重修一個這麼大的城市，建築材料的消耗一定少不了，由於供不應求，建築材料的價格一路飆升，這時候，那位富商才把之前購買的建築材料拋售出去，加上稅賦全免，富商從中大賺了一筆。而富商這一次賺的錢遠遠大於在火災中損失的財產。

原本這是一場大的災難，而對於原本十分富有的人來說就更是如此，平時辛辛苦苦賺的錢就這樣付之一炬，一切都要從頭開始。但是故事中的富商卻能夠在危機中洞悉商機，這個財富是意料之外，而憑藉富商經營財富的智慧，他能夠洞悉這樣的商機卻也是情理之中的。

能夠在危機中發現商機並不是什麼難事，關鍵在於看問題的角度，如果富商看到大火燒毀了自己的店鋪和財物，而將焦點放在自己的損失上，那麼最後的結果不過是損失了多少的錢財；但是富商看到的卻是大火燃燒之後的整個城市的形勢——必定會重建新城，所以才能抓到商機，贏得更多的財富。

角度不同能夠給人們新的視角，對消息的把握和聯想程度

## 方法其實有很多

○○○○○○○○○○○○○○○○○○○○

不同，也會產生不同的結果。

　　培生是一家經營肉類食品的老闆，雖然經營的店鋪不大，但收益也頗為豐厚。一天，培生在電視上看到一條消息，某地區發生了類似瘟疫的流行病。這看上去是一條不起眼的消息，但培生腦中卻閃現出一條能夠快速致富的新路。

　　培生想到這個地區如果發生了瘟疫，那麼很快就會蔓延到周邊地區，而離那不遠的幾個地方剛好是這一地區肉類食品的主要供應地。一旦真的發生了瘟疫，肉類食品的供應一定會有所減少，這樣就不可避免的會提升價格。如果他能夠在價格還沒有飛漲之前就購買大量的肉製品，一定能夠從中獲得大量的利益。

　　但是這一切的前提是那個地區的確發生了瘟疫。於是，培生找人到當地瞭解具體情況，在得知了的確如新聞報導的情況一樣時，培生就立刻調集了大量的資金用來購買肉製品。

　　果然不出所料，沒過多久，肉製品的價格就漲到了原來的兩倍，而培生趁此時大量的出售之前購進的肉製品，獲得了豐厚的收益。

### ◆ 實戰練習：如何在危機中發現商機

#### ♠ 免費廣告

危機中最怕的就是由於迅速的消息傳播而導致公司的形象受損，但這也恰恰是在危機中尋找商機的最佳工具。

在利用危機中人們對於事件關注的基礎上，用最好的解決辦法來處理危機，要保證這種處理結果會在廣泛的傳播中為人們所知，並且這種辦法一定是能夠贏得大部分的人的信任並且廣受歡迎的，這樣才能夠讓大眾忘記危機中不利的事件而對企業產生好感。

在媒體對於危機大篇幅的報導中，公司的處理方法也會為人們廣為流傳，媒體的傳播充當了免費廣告，而企業的聲譽也會得到提高。

#### ♠ 轉換思路

凡事都有兩面性，有好就有壞，就如同上面杭州富商的那個案例一樣，危機使他原有的收益、財富受損，但卻能夠讓他另闢財路，這條財路甚至比之前的狀況能獲得更多的報酬。

#### ♠ 提取資訊

在一些大型的天災人禍發生時，政府常常會採取優惠措施，要能夠找到未來政策或市場變化的風向球，這就是找到了

## 方法其實有很多

○ ○ ○ ○ ○ ○ ○ ○ ○ ○ ○ ○ ○ ○ ○ ○ ○ ○

商機。杭州的富商找到了朝廷重建的資訊，而培生找到了肉製品短缺的資訊。

### ♠ 競爭優勢

在別人發生危機時，嚴格的管制等於幫助自己消滅了競爭對手，這時候自己需要做的就是保證產品的品質。當對手由於產品的品質問題而產生危機時，能夠保證自己的產品沒有任何問題，這本身就是使自己脫穎而出的最好方法。

Better safe
than sorry

隨時要為
最壞
的 狀況
做準備

○ ○ ○ ○ ○ ○ ○ ○ ○ ○

# CHAPTER ⑤

# 執行決定
## 勝敗

光說不練假招式，一張漂亮的建築圖紙，如果不用磚頭瓦塊將其變為實實在在立在地面上的建築物，那麼是圖紙還是一張白紙，又有多大的分別呢！

有些人常常會說「如果我當初那麼做了就不會有今天這樣的結果」，人們常常會在沒能「執行」的現狀中「悔不該當初」，而更多人和企業應為沒能執行而遭受嚴重危機。所以，不管你的藍圖有多麼雄偉壯觀，請務必將其「執行」，否則就會在危機中懺悔和遺憾。

# 1.
# 謹防執行斷裂

工作能否成功的關鍵問題之一就是執行，如果執行的環節出錯，再完美的計畫也是白費，而整個的工作也會因為一個小小環節的失誤而終告失敗。

一個完美的方案並不等於完美的結果，在方案執行的過程中，總是會遇到讓人措手不及的問題，而這些問題可能出現在計畫本身與現實不能吻合，也可能出現計畫並不能有效、完整地實施，也就是執行斷裂的問題。前者的問題通常可以透過對計畫進行調整來彌補，事實上，大部分的計畫在實施前都有調整的備選方案，在實施時也都能夠依觀測效果及時調整；而後

者的問題則更加讓人頭疼。

現在的社會，工作的複雜性和變化性使得大部分的工作都不是由一個人來完成的。而工作能否成功的關鍵問題之一就是執行，如果執行的環節出錯，再完美的計畫也是白費，而整個的工作也會因為一個小小環節的失誤而終告失敗。所以，防止危機的出現，關鍵在於防止執行斷裂。

一個將軍武藝再高強，也抵擋不住千軍萬馬，要取得戰爭的勝利還要靠將士們的齊心努力。

一個老闆多出色也好，如果沒有下屬完成它所安排的任務，他的事業也很難做大。

一項計畫設計的十分完善周密，但卻不去實施，那人們永遠看不到它的效果。

因此，決策是重要的，而執行同樣不能忽視。

天氣的炎熱乾旱使得很多農作物的產量減少，這不禁讓曼蒂感到憂慮。曼蒂的公司主要經營食品加工，一旦農作物減產，就必然導致公司經營的原物料價格上升，甚至有可能出現供應減少或中斷的情況，這樣一來，公司的利潤就會大大減少，說不定還會賠本。

不過好在曼蒂及早認識到了這一點，只要提前與幾家比較

熟悉的農戶簽訂合約，以略高於上一次的購買價格收購他們所有的農產品，這樣不就能夠避免原物料供應中斷的危機了嗎。曼蒂很高興自己能及早想到這個解決方式，於是他派一個下屬去農戶那裡簽合約。

幾個星期過去了，當競爭對手已經開始為天氣的反覆無常而擔憂時，曼蒂卻可以安然地坐在辦公室裡，甚至有點兒得意，因為自己早已做好準備。並且很有可能在這場「戰爭」中打垮幾個競爭對手。

還有一個月左右就到了收割的季節，這時候一個下屬卻給曼蒂帶來了讓人發瘋的壞消息。原本與曼蒂公司經常合作的很多農戶都決定把產品賣給了其他公司，而曼蒂的公司則面臨著產品無原料的危機。

「怎麼可以這樣？」曼蒂納悶了，「自己已經和這些農戶簽好了合約，並且給出了很優惠的價格，如果這些農戶將產品賣給其他公司，那就是違約，難道他們不怕支付高額的違約金嗎？」

於是曼蒂請人找來了農戶代表，親自與他們協商，誰知道農戶們卻不「承認」有簽合約這回事。這下曼蒂可真是火大了，他找來當初派去簽合約的下屬，要求拿出合約來與農戶代表談

## 執行決定勝敗

◦◦◦◦◦◦◦◦◦◦◦◦◦◦◦◦◦◦

判。

「彼得，去把合約拿來。」

「什麼合約？」彼得問道。

「我上個月讓你去跟農戶簽的合約啊！」曼蒂有些生氣。

「哦，上個月的工作太多了，我還沒有來得及去，正準備這兩天去呢！」彼得有些不在意地說道。

曼蒂頓時感覺頭暈眼花，怪不得那些農戶能夠坦然的將自己的產品賣給其他公司，原來根本就沒有任何合約的約束。這一次，自己原本完美的計畫被一個「無知」的下屬搞的一團糟，現在看來，自己不但不能打垮對手，反而還有可能面臨被對手擊倒的危險。

最後，曼蒂不得不拿出更高的收購價格，並且擺出老朋友的嘴臉，跟那些沒有簽訂任何合約的農戶建立了採購關係。

曼蒂有先見之明，並且有著完美周密的計畫，但卻毀在了執行階段。

在一個公司的運作中，這並不是少見的現象，尤其在機構龐大、組織結構複雜的大公司更是如此。很多事情糟糕和失敗都出在了執行階段。

有的時候只是晚一會兒傳遞一條消息，就很可能延誤了商

機,甚至給企業帶來嚴重的危機。

當企業遇到了危機時,能夠保證每一個步驟準確、及時的執行就更是能否安然度過危機的關鍵。

一家食品經營商收到了一條投訴:食品的外包裝似乎被打開過。這就意味著其中的食品可能出現品質問題。得知了這個消息,經營商立刻做出決定,不但為那位顧客更換全新的食品,還給予1千元的現金補償,以感謝這位顧客為他們提供了寶貴意見。

這項決定由食品店的店員來操作。「那個顧客購買的不過是幾十塊的食品,給他更換新的食品就可以了,或者可以多給他幾份同樣的食品,但是要補償1千元,這未免有些小題大作了。」於是,這個店員就擅自決定,為經營商節省這1千元,取而代之的是賠償那位顧客三份同樣的食品。

店員以為自己做了好事,但是沒想到幾天之後,這件事又傳遍了大街小巷,多半是表達對這家食品店的不滿。經營商向店員瞭解賠償的經過。當得知了店員擅自決定沒有補償那1千塊錢的時候,經營商大為惱火。

賠償三倍的食品和賠償1千塊錢,看來都是賠償顧客的損失,但1千塊錢的意義遠遠不同。正因為賠償的數額要遠遠大

## 執行決定勝敗
○ ○ ○ ○ ○ ○ ○ ○ ○ ○ ○ ○ ○ ○ ○ ○

於顧客原本買的食品價格，才能夠表明經營商的決心：既不會再有同類的事情發生，否則，經營商會因為不斷的賠償而倒閉。但是三倍的食品不過是普通的賠償，這樣就能夠容忍食品店偶爾犯錯，而這樣的效果是顧客們所不願意看到的。

由於在店員執行經營商的決定時出了差錯，不得不使經營商花費更多的宣傳和賠償費，以挽回顧客們的信任。

### ◆ 實戰練習：如何防止執行斷裂

### ♠ 有些決定，一定要嚴格執行

在企業中，作為上司一定不可能面面俱到的做任何決定，也就是說作為下屬同樣擁有作決定的權利，只不過是些小決定，但這些小決定未必就是影響不大的決定。

所以，如果你的決定是一定要嚴格執行的，甚至規定了在什麼樣的時間範圍內必須完成的，就一定要十分明確地讓下屬知道，這件事不能拖，就像曼蒂的例子那樣，如果他給下屬規定了簽合約的時間，而不是簡單的交待，也許就不會造成公司的損失。

### ♠ 注重溝通，這很重要

下屬之所以沒能成為上司的一個原因，是因為他們在某些方面達不到上司的水準。就像對於一件事情的處理態度，也許

下屬並不知道上司要如此重視的原因。就像食品店的那個例子，如果經營商能夠跟店員溝通，讓他知道這一千元並不只有「賠償」的意義，那麼店員也不會擅自做出決定。

防止執行斷裂，溝通的重要意義在於能夠讓下屬知道一項決定的作用原理，防止他們在執行中有所偏差，而不能達到最初的目的。

Better safe
than sorry

## 執行決定勝敗

○○○○○○○○○○○○○○○○○

# 2.
# 把事情做到最好

　　一個人可能會因為 1% 的問題而前功盡棄；一個企業可能因為 1% 的錯誤破產倒閉；甚至一個國家、一個民族也可能因為 1% 的缺失而毀於一旦。

　　在西方流傳著一句凱撒大帝的名言：「戰爭中的大事都是由小事引發的結果。」而在中國也有類似的話：「失之毫釐，差之千里」。這兩句名言都說出了細節的重要性。不管事大事小，如果不能夠將事情做到最好，那麼很可能一個細微末節的東西就能夠把整個宏偉的「工程」毀掉。

　　早在 1485 年的一場戰爭就充分說明了事情沒有做到最好

的危害。

那一年，不同的政治勢力對於英國的統治權產生了爭執，英國國王查理三世和蘭開斯特家族的亨利決定進行一場決鬥，獲勝者將贏得統治英國的權利。

開戰前首先要準備好戰馬、武器。查理一邊擦亮手中的寶劍，一邊吩咐馬伕為自己準備戰馬。這一次他要用自己最喜歡的那匹戰馬。他認為這馬和自己一樣驍勇善戰。

馬伕小心翼翼的檢查戰馬，突然發現這匹馬沒有馬蹄鐵了。馬伕很著急，趕快牽著馬來到鐵匠處。

「快給這匹戰馬釘個馬蹄鐵，國王等著用這匹馬呢。」

鐵匠馬上展開工作。不巧的是，由於這幾日準備戰事，所有的鐵片都已經用完了，鐵匠只能用能夠搜集到的材料現做一套馬蹄鐵了，當然這件事的代價是要花費一小段時間。

鐵匠不是魔術師，不可能轉眼間將破銅爛鐵變成閃亮的馬蹄鐵，所有的工作都要按照程序一步一步的完成，這可急壞了旁邊的馬伕，「快點吧，要來不及了」馬伕一邊跺腳一邊催促。

很快，鐵匠已經做好了馬蹄鐵，現在只需要把他們釘在馬蹄上。真不巧，當鐵匠釘了三個馬蹄鐵後，怎麼也找不到足夠的釘子來釘第四個馬蹄鐵了。

## 執行決定勝敗

○○○○○○○○○○○○○○○○○○○

「我還得做幾根釘子，你還得再等一會兒」鐵匠帶有一絲歉意但仍然不慌不忙地說。

眼看就要大功告成，卻聽到鐵匠說還要再等一會兒，馬伕的臉立刻變了顏色，「還等什麼？我已經來不及了。馬蹄鐵不是已經釘好了嗎？」

鐵匠一邊準備做釘子，一邊向馬伕解釋，「如果沒有釘足夠的釘子，我就不能保證這個能像其他三個那樣牢固了。」

「那麼現在這些釘子能不能將馬蹄鐵釘好？」馬伕問道。

「嗯……應該可以，但是……」

還沒等鐵匠說完，馬伕就嚷道「可以就行了，快點釘吧，晚了國王會怪罪我的。」

鐵匠還是穩穩地將剩下的幾個釘子釘在了馬蹄鐵上。

馬伕急匆匆地把戰馬牽走，但卻絲毫沒在國王那裡提到馬蹄鐵釘得不夠結實的事。

兩軍交戰很快開始了，為了鼓舞士兵們的鬥志，查理國王衝鋒陷陣。

正當國王鬥志高昂時，卻沒料到戰馬突然跌倒在地，查理也跟著倒了下來。查理還沒明白這是怎麼回事，就被亨利的軍隊包圍起來。

擒賊先擒王，查理的士兵看到國王被包圍了，也紛紛撤退。

看到自己的戰馬腳上少了一個馬蹄鐵，查理悲痛欲絕，大喊道：「因為一匹馬，我就失去了一個國家！」

後來，人們將這件事編成了一首歌謠：「缺了一個鐵釘，掉了一隻馬蹄鐵。掉了一隻馬蹄鐵，跑了一匹戰馬。跑了一匹戰馬，輸了一場戰役。輸了一場戰役，丟了一個國家。」

一場偉大的戰役竟然最終是由一顆小小的釘子定了勝負，讓人哭笑不得，又不得不汲取教訓。

然而，當人們都明白「失之毫釐，差之千里」的道理時，卻又總忍不住在生活中犯同樣的錯誤。

「我們的產品品質非常可靠，產品的合格率已經達到99%，並且各項安全指標都達到了最優良，而且還擁有雙重漏電保護裝置，消費者大可以放心使用我們的產品……」一家電熱水器生產公司的經理在推廣他們的產品時，洋洋得意地說道。

的確如這位經理所說，這家公司生產的產品品質可靠，檢測結果也達到了99%的合格率，並沒有任何吹噓的成分。然而事情卻壞在了這1%的不合格上。

一位顧客十分不幸的購買到了這個1%不合格的產品，產品具有雙重漏電保護裝置，也就是說一旦正常插電操作出現故

## 執行決定勝敗

○○○○○○○○○○○○○○○○○

障,漏電保護裝置也能夠立刻斷電,保證用戶的安全。

但不幸的是,這1%不合格的產品不但漏電,就連漏電保護裝置也出了差錯,而這位顧客被電流擊倒,雖然沒有生命危險,卻廢了一條胳膊。

如此嚴重的失誤,讓這家公司的名譽掃地。不管產品的合格率有多高,只要有一件產品是不合格的,就會給消費者的安全帶來威脅。

一件不合格的產品毀了這家公司無數個合格的產品。就是因為公司沒有將品質保證做到最好,所以才造成了企業嚴重的危機。

如果做事總是滿足於99%的成果,而不去要求達到100%的滿意時,一個人可能會因為1%的問題而前功盡棄;一個企業可能因為1%的錯誤破產倒閉;甚至一個國家、一個民族也可能因為1%的缺失而毀於一旦。

### ◆ 實戰練習:把事情做到最好,你需要思考幾個問題

### ♠ 工作是為自己而做

有些人把工作當成養家糊口賺錢的手段;有些人把工作當作充實生活的工具;有些人把工作當成滿足自己宏圖大志的必

經之路，不管你的目的是什麼，工作都不是為別人幹的。只有明確了自己的工作目的，才能夠用全部的熱情做出最「完整」的成績。

### ♠ 注意你的態度

不要因為工作的高低貴賤而用不同的態度來對待，要相信每一份工作都有它的意義所在，並且要做好每一件事都並不是如想像中的那樣簡單。

如果不端正態度，隨時都可能出錯。而且很多時候，出錯了就無法挽回，或者會犧牲很大的代價來挽回。所以與其事後後悔，不如第一次做時就以正確的態度把工作做到最好。

### ♠ 主動盡職

無論社會環境還是企業環境，法律條文、規章制度都是必不可少的，儘管有這麼多約束人們行為的規定，但還是避免不了違規的情況出現，之所以如此，是因為大部分的人都不是自動自發地想要做好，而是要靠規定來約束，所以，就會常常犯錯。

### ♠ 不要說空話

下決心，定計劃人人都會，但真正能將決心、計畫落實的人少之又少。所以平庸的人總是比比皆是，而真正成功的人卻

## 執行決定勝敗

○ ○ ○ ○ ○ ○ ○ ○ ○ ○ ○ ○ ○ ○ ○ ○ ○

少之又少。

### ♠ 注重工作中的細節問題

　　危機的發生往往都是在細節上出錯，越是細微末節的東西就容易被人忽視，只有當小事引發了危機才會被人發現和重視，但那時再解決要麼「無藥可醫」，要麼就是要花費巨大的代價，而這也正是事情做不到最好的後果。

# 3.
# 「沒看清楚」是最常聽到的藉口

　　越是簡單易行的事情，就越容易發生問題；越是認為不重要的事，出錯的機率也就越高。

　　唐朝時候，有一個叫做馮道的人。有一次他要出遠門，在途中他不得不經過一個道路崎嶇的山路，這條路不僅狹窄，而且坑坑洞洞難以前進。

　　看到這樣的路況，馮道感覺身上涼颼颼的，一定要多加小心，否則就會連人帶馬的墜入山澗。於是，馮道勒緊了馬繩，

## 執行決定勝敗

○ ○ ○ ○ ○ ○ ○ ○ ○ ○ ○ ○ ○ ○ ○ ○ ○ ○ ○

每走一步都是小心翼翼的，果然安全走過了這一小段路。

終於到了道路寬闊的地帶了，這裡不僅地域寬廣，而且道路平坦易行，馮道鬆了一口氣，為了趕路，他放鬆了韁繩，讓馬飛馳起來。結果由於他放鬆警惕，不小心從馬背上摔了下來，受了重傷。

從那以後，不管是平坦寬廣的大路，還是蜿蜒曲折的小路，馮道都不敢疏忽，而是每一步都小心謹慎。

不管事情的大小，是簡單還是複雜，都可能出現差錯。對待每一件事，都應當抱著認真的態度，對工作的每一個步驟，都應當小心謹慎，這樣才不會在發生在平坦寬廣的路上墜馬的事。

越是簡單易行的事情，就越容易發生問題；越是認為不重要的事，出錯的機率也就越高。這一點，從交通事故發生的狀況就能夠看出：

在人多車多的交通巔峰時間，或者在車水馬龍的主要街道，發生交通意外的可能性就很小，除了那些由於車輛問題，或者酒後駕車問題造成的交通事故意外，很少有因為大意而發生的車輛衝撞。

這是因為在車多的時間和地帶，司機們都能夠倍加留神，

時刻注意路面狀況，並且保持警惕，精神的高度集中減少了意外發生的可能。

而在高速公路，或者夜間車少人少的時候，就往往是交通事故多發的地點和時段。

由於車少人少，汽車容易駕駛，不需要太多的操作，也不需要過多的注意路面狀況，所以才容易疏忽大意，在突發的路面狀況下來不及操作，因而發生意外。

在工作中也是一樣，即便是做了幾百次、幾千次的重複操作，也有失誤的可能。當人們認為這樣的工作已經熟練到閉著眼睛都能做出來的時候，就會習慣用慣性來完成，而不用大腦的思考來完成，於是就會出現控制失誤的現象。

但是人腦畢竟不是電腦，人類也不是機器，所以人類也沒辦法完全按照程序辦事，即使是再熟悉的工作，也可能在熟練中出錯。

因此，不管你所做的是熟練的還是陌生的事情，都要嚴格控制操作每一環，惟有如此，才能夠避免發生危機，也能夠在發生危機時，順利衝破危機找到出路。

有一位剛從學校畢業的護士，由於她表現出色，沒過多久就擔任了手術室的護士。

## 執行決定勝敗

° ° ° ° ° ° ° ° ° ° ° ° ° ° ° ° ° ° ° °

在大夫手術的過程中，這名護士都小心翼翼的完成每一個步驟。

手術很成功，眼看大夫要進行最後一個步驟的操作——縫合傷口。護士突然對外科大夫的操作懷疑起來：「大夫，還不能縫合傷口。」

大夫轉過頭來直盯盯的看著她，似乎要用眼神來威懾住她。

護士沒有畏懼：「您只取出了 10 塊紗布，可是剛剛明明用了 11 塊。」

「紗布我都取出來了」外科大夫在手術室裡具有絕對的權威，他開始命令「我們現在就縫合傷口。」

「不行！」護士連忙阻止，她不能允許紗布留在患者肚子裡的事故發生，「的確還有一塊紗布沒取出！」

「手術室裡由我來負責」，大夫發怒了「立即縫合！」

護士竟然做出要阻攔大夫的動作，「您不能這樣，我們要對患者負責！」

大夫竟然沒有對護士生氣，反而微微一笑，舉起了另外一側的手。

年輕護士看到大夫手中的第 11 塊紗布，眼神有些疑惑，

臉上已經冒出了緊張的汗水。

「妳的表現非常好，妳是一名合格的護士！」

原來外科大夫在考驗這名年輕的護士。

這位護士在手術過程中能夠嚴格的控制每一個步驟的工作，因此獲得了大夫的好評和信任。試想如果這並不是大夫在考驗護士，而大夫又確確實實忘記拿出最後一塊紗布，在一旁的護士「完全信任」大夫，這就會變成一起嚴重的醫療事故。或者忘記的不只是一塊紗布呢？

與其等到危機發生時再去愁眉苦臉的思索解決的辦法，為什麼不在操作執行時就嚴格控制每一環，從一開始就避免危機的發生呢？

學生總會犯這樣的錯誤，每當考試成績公佈，試題發下來的時候，就會檢查自己出錯的題目，於是「沒看清楚」便成為最常聽到的藉口。

但是一個「沒看清楚」就可能使一個原本優秀的學生遠離學校的大門，丟掉一份原本不錯的前途。

而一個人在工作中的「沒看清楚」就可能造成一個公司重大的危機。

就如同成功不是一天兩天能夠達成的，宏圖偉業不是一日

## 執行決定勝敗

兩日能夠實現的，一個重大的「危機」也不是突然間從天而降的。所有的「沒看清楚」都可能累積成嚴重的「危機」。

### ✦ 實戰練習：你是一個重視細節的人嗎？

當你和朋友在郊外遊玩，這裡是一片經過開發的風景區，可是當你和朋友正在散步的時候，突然看到眼前出現了讓人驚恐的景象，你認為最令你害怕的是發生了什麼事？

A‧一隻猛獸正對著你們衝過來

B‧黑壓壓的一群昆蟲正往你們的方向飛過來

C‧一群持槍的人正把武器對準你們

### ✦ 測試結果：

**♥ 選擇 A 的人：**

你做事容易馬馬虎虎，喜歡虎頭蛇尾或者丟三落四，總是不能夠圓滿地完成一件事，你認為自己疏忽的是一些無關緊要的小細節，所以從不在意。但誰都不能保證這樣的小事會不會變成嚴重的危機。

**♥ 選擇 B 的人：**

你對於事情認真謹慎，但有時過分的「小心」讓你看起來

有些吹毛求疵了。只要能夠嚴格地對待每一環的工作就可以了，太過鑽牛角尖，有時也會把事情搞砸。

♥ **選擇C的人：**

你做事細心穩妥，很難出錯。只要是交給你的事情，你都能夠認認真真地完成每一道關卡。

Better safe
than sorry

## 執行決定勝敗

○ ○ ○ ○ ○ ○ ○ ○ ○ ○ ○ ○ ○ ○ ○ ○ ○ ○

# 4.
# 積極聽取建議

越是龐大的機構，就越需要團隊的合作，所以，無論是管理者還是普通員工，都應當積極聽取意見，重視溝通。

法蘭克在公司瀕臨倒閉，而公司高層心急如焚卻又無能為力的時候，提供了一份自己在部門半年前的調查報告，而這份報告剛好指出了公司的問題所在，也正是這份報告不但幫助公司渡過了難關，還讓公司有所盈利。

對於法蘭克這次的表現，公司內部無論上下都是嘖嘖稱讚。之後，他又屢建奇功，使公司擺脫了單一銷售的局面。可以說，公司近期的迅速發展都是因為法蘭克的出色表現，他已

經成為老總眼中的「大紅人」。也可以說成為公司中的風雲人
物。

儘管也做了幾年主管，但有著宏圖大志的法蘭克絕不甘心
在這樣一個小小的職位上停留。經過這幾年的表現，市場部經
理的職位一定是非他莫屬，而這也正是他所期望的。但是在公
司全體員工的大會上，老總宣佈的市場部經理卻不是法蘭克，
事實上，他並沒有得到任何提升，只是又一次得到老總熱情洋
溢的表揚。

「怎麼會這樣？難道自己做得還不夠好？」法蘭克回到家
中，越想越氣。想想這幾年，公司的利潤有一半以上都是他的
功勞，要不是他留心市場變化及時做出調查，公司怎麼能反敗
為勝擺脫危機？要不是他開發的幾塊新市場，公司怎麼能擴大
經營規模？要不是他加班製作的提案，怎麼能招攬如此多的客
戶？……

他實在沒辦法搞清楚現在的狀況，難道是想用完他就一腳
把他踢開嗎？難道自己已經沒有利用價值了嗎？難道新提拔的
那個市場部經理比他還要強千百倍嗎？

想不通，最後他決定去找老總攤牌，如果得不到一個滿意
的答案，就乾脆另謀高就。

## 執行決定勝敗

○○○○○○○○○○○○○○○○○

　　沒有任何的迂迴客套，來到老總的辦公室，法蘭克開門見山的就問「為什麼這次的市場部經理沒有提拔我？難道以我的工作能力還沒辦法坐上這個位置嗎？」

　　老總並沒有因為法蘭克的唐突而露出任何驚訝的表情，事實上，從法蘭克走進門的那一刻，他似乎已經預料到接下來要發生的事情了。

　　「你先坐下來，我們慢慢談！」

　　看到老總溫和的態度，法蘭克也不好意思再說什麼，一屁股坐在老總的對面，看看老總要如何向他「交待」。

　　「你的工作能力的確很強，甚至我敢說，在公司裡，沒有第二個人能超過你，包括我在內。」

　　法蘭克聽到老總的話，似乎得到了某種鼓勵，氣焰更加囂張了。

　　「但是，工作能力可不是做一名管理者的唯一衡量標準，你來說說你的團隊合作能力和溝通能力怎麼樣？」

　　回想這幾年的工作過程，他總是一個人埋頭的設計方案、完成市場調查（因為客戶比較少），需要同事的協助時，他也總認為自己是核心，其他人都是應該為他服務的，所以──他自己也不能否認──他的人緣並不好，要不是礙於他在公司的

地位，大概沒人願意同他打交道。

看到法蘭克沒說話，老總又繼續說「公司的機構和規模都在不斷的增大，你一個人就算再能幹，能管得了多少，顧得了多少？一個管理者是能夠帶領一個團隊工作而不是單槍匹馬的人！」

法蘭克低下了頭，聽了老總的一番話，他已經知道未來應該做怎樣的改變了。

一個企業不是由一個人組成的，所以的事情不可能堆在一個人身上。就像故事中的老總說的那樣，越是龐大的機構，就越需要團隊的合作，所以，無論是管理者還是普通員工，都應當積極聽取意見，重視溝通。

在危機發生時尤其如此，只有積極、坦誠的交流意見，才能夠避免危機的發生，也能夠在遭遇危機後安然度過。

### ◆ 實戰練習：測試你的耳朵有多硬

專制並不是每個人的特色，但就是有很多人耳朵硬的聽不得別人的意見，他們只遵守自己的決定。如果作為上司，他們會不允許下屬有任何反對意見，至少不能當面提出；即便是身為下屬，也會當面一套，背後一套，表面上是聽從了上司的吩

176

## 執行決定勝敗

○ ○ ○ ○ ○ ○ ○ ○ ○ ○ ○ ○ ○ ○ ○ ○ ○ ○

咐，但私底下自己想怎麼做還是怎麼做。

這樣不聽取意見也不願意跟他人溝通，在沒有遇到危機和發生危機時都是很吃虧的。

下面就來看看你是屬於哪種類型，你的耳朵究竟有多硬吧：

1、在公司以外偶然遇到了上司的上司，他邀請你共進午餐，而這件事被你的上司知道了，當你發現了上司對於此事有些關心和好奇時，你會：

A. 詳細地告訴他你們談話的每一個細節

B. 不透露任何事情，畢竟這是公司以外發生的事

C. 簡單概括的說一下談話的內容

2、當你正在會議上發表見解時，你的一位同事或下屬打斷你的談話，並且說了一件毫不相關的事，你會：

A. 制止他的談話，告訴他可以等你說完正題再發表意見

B. 等他說完

C. 直接告訴他，在別人沒有講完時隨便打斷是沒有禮貌的

3、上司正在與你談一個重要的項目，這時有一個國際長途電話打進來，你會：

A. 按掉電話，繼續跟上司談話

B. 接電話，講完電話再談事情

C. 接電話，告訴對方現在不方便，過一會兒再回電話


4、你的一個下屬連續幾天以各種理由向你提出早下班，你會：

A. 要顧及他人的想法，不能特別給他方便

B. 下午有重要的工作，不能答應他的要求

C. 讓下屬知道他是公司重要的員工，公司需要他


5、在激烈的競爭中，你終於得到了主管的位置，而現在的幾個下屬當初是你的競爭對手，但是你並不知道是誰，在上任的第一天，你會：

A. 找出自己的競爭對手

B. 自己是憑實力上任，不去考慮其他人

C. 熟悉每一個人並投入工作，對於之前有競爭的事只放在心裡

## 執行決定勝敗

○○○○○○○○○○○○○○○○○○○○○○

6、有位下屬欲言又止的想要向你報告辦公室裡的某個流言，你會：

A. 阻止對方，不想聽辦公室裡的留言是非

B. 先問清這件事是否與公司有關，與公司無關的事你不會理會

C. 禮貌的請對方告訴你這件事情的詳情

### ◆ 得分表：

|   | 1 | 2 | 3 | 4 | 5 | 6 |
|---|---|---|---|---|---|---|
| A | 1 | 2 | 1 | 0 | 1 | 0 |
| B | 0 | 1 | 0 | 1 | 0 | 1 |
| C | 2 | 0 | 2 | 2 | 2 | 2 |

### ♥ 0—4分：

你可以說是「專制」的代言人，耳朵硬的聽不得任何意見。你幾乎不會考慮到別人的想法，也不會因為別人合理的意見而做出任何改變。在溝通方面，你很少考慮別人的感受，經常直接表達自己的反對意見。長久下去，你將不能吸收有用的意見，可能隨時面臨危機哦！

♥ 5 — 8分：

你能夠適當的聽取別人的建議，也具有一定的溝通能力，但是有時候你聽取的意見帶有主觀性，如果提出意見的是具有權威性的人物，你便會言聽計從，而對於那些無名小卒，你就常常會忽視他們。

♥ 9 — 12分：

你能夠廣泛的聽取意見，並且能夠及時地與其他人進行溝通，不會專制的下命令、做決定。這樣的態度能夠幫助你在執行時取得最好的效果。

Better safe than sorry

**執行決定勝敗**
○ ○ ○ ○ ○ ○ ○ ○ ○ ○ ○ ○ ○ ○ ○ ○ ○ ○ ○

# 5.
# 隨時調整策略

不是調整創新，就是被淘汰。

　　美國有一家專門製造縫紉機而聞名全球的公司。公司的創始人因為生產縫紉機讓他嘗到了甜頭，他不僅靠此起家，還在40年代，將生產縫紉機的公司經營到了巔峰，那時候，全世界每三部縫紉機中，就有一部是它們的產品。可以說是走到哪裡都能看到它們家的產品。

　　一向嚴把品質關卡的領導者認為，「品質就是企業的生命」。因此他們所關注的只是保證生產合格的產品，而對於市

場上開始有些創新的產品，他們對此無動於衷。

就在市場上出現了形形色色的各式各樣新功能的產品時，例如日本的會「說話」的縫紉機；英國的音樂縫紉機；瑞典的電腦縫紉機……而他們在 80 年代仍然用著 19 世紀的設計。

產品的品質固然不容忽視的，但這並不意味著人們不會被那些外觀設計、造型別緻、包裝亮麗、功能強大齊全的產品所吸引。

當市場上出現了超出傳統的縫紉機時，危機已經在悄悄地靠近他們公司，而企業的領導者卻渾然不覺，仍然堅信堅守自己的策略——品質。

他們沒有看到市場變化的方向，更沒有對消費者的偏好作任何調查，就一味固執的認為自己的產品已經根深蒂固佔領了絕大部分的市場。

於是，當他們發現自己的產品銷售突然下跌了，他們才知道自己的做法早已經跟不上時代，而此時再去調整策略，改變開發新產品卻晚了些，最早經營的市場已經被別家品牌瓜分走了。

原本憑藉市場佔有率，它完全可以透過調查，瞭解消費者的偏好。不管是領先一步推出新產品，還是在新產品出現時隨

## 執行決定勝敗

○○○○○○○○○○○○○○○○

後推出自己的品牌，都能夠使消費者一如既往的追隨這個公司的產品。

追根究底在於他們不懂得隨時調整策略，當時代變化了，人們的需求不再單一了，企業就更應當抓住市場和消費大眾的味口。不是調整創新，就是被淘汰。

耐吉公司的成功是顯而易見的。作為世界上最知名的運動品牌之一，耐吉公司經歷了幾次大的戰略調整，不但鞏固了市場地位，更成為當今運動品牌的領導型企業。

耐吉公司的前身是成立於美國俄勒岡州的一家體育用品公司——藍帶體育用品公司，主要製造運動鞋。1972 年，創始人菲爾·奈特和鮑爾曼將其更名為「耐吉公司」。

更名後的耐吉公司因為運動鞋的造型和舒適受到了熱烈的歡迎。

然而耐吉公司並沒有就此停止腳步。透過市場調查，他們發現，隨著生活節奏的加快，人們更加注重自身的健康狀況，而跑步健身成為美國人的時尚運動。耐吉公司決定參與到這種時尚當中，於是開發了一種適合普通大眾的跑步鞋推向了市場，這一行動受到了廣泛的歡迎，這一款跑步鞋的市場佔有率竟高達 50％。

不但讓運動員喜愛耐吉鞋，更要博得普通群眾的喜愛，畢竟這一塊的市場更為廣闊。

耐吉公司決定將這件事做到及至，開始開發不同主題的運動鞋：根據年齡不同設計不同的款式；抓住流行元素開發重視品味的優質運動鞋；根據消費能力不同製造不同價格檔次的運動鞋……

為了滿足消費者的需要，耐吉公司可以說是使盡了各種招術。而市場佔有率證明他們的做法是相當明智的。

不管是佔有了一定的市場，還是利潤如同滾雪球一樣的不斷擴大，耐吉公司都沒有因為自己的成績和進步而停止不前，相反，他們比任何一家體育用品公司都重視研究開發：100名專門從事包括生物力學、實驗生理學工程技術、工業設計學、化學和各種相關領域研究的研究人員；包括運動員、教練員、運動訓練員、設備經營人、足病醫生和整形大夫在內的顧問……

不僅在聘請研究試驗人員的規模上龐大，在經費的投入上，耐吉公司也毫不吝嗇。正因為耐吉能夠重視研究，並進行規模龐大的研究開發工作。才能夠使它的產品總是保持領先地位。

即使是一時領先的企業，也不能故步自封。以一成不變的

## 執行決定勝敗

○ ○ ○ ○ ○ ○ ○ ○ ○ ○ ○ ○ ○ ○ ○ ○ ○ ○ ○ ○

策略應對千變萬化的市場。耐吉的成功就是最好的說明。尤其當日新月異的世界仍然滿足不了人們的需求時，消費者的需求和消費群體的紛繁複雜，企業就更應當隨時保持警惕，將自己置身於危機感中，根據市場變化隨時調整策略。

惟有如此，才能使企業在風平浪靜中穩步發展，即便是在危機災難中，也可以轉危為安，使企業立於不敗之地！

Better safe
than sorry

# 6.

# 領導者必須承擔責任

　　領導者們承擔了其他人無可替代的工作任務，他們也就必須對他們所掌管的一切事物負責，而其他人是無法代勞的。

　　國豪是一家物流公司的部門主管，他掌管手下三個小組的工作，而這三個小組中，A 組的業績最好，所以常常受到表揚。可是這個一直表現良好的 A 組，這一次可給國豪惹了大麻煩。由 A 組負責的一項重要的運送業務由於公司員工的疏忽大意，導致大部分的貨物都有所損壞，因此公司不得不支付了大筆的賠償金，公司老總也親自出面向客戶道歉。

## 執行決定勝敗

° ° ° ° ° ° ° ° ° ° ° ° ° ° ° ° ° ° ° °

　　這件事情自然不能就這樣結束，老總把國豪叫到辦公室，劈頭的一頓臭罵。國豪覺得很冤枉，於是將 A 組的組長拖下了水，「這都是 A 組的問題，其他兩個小組都保持良好，沒什麼差錯。」

　　老總氣壞了，把 A 組組長也叫來一頓臭罵，「你們的工作究竟是怎麼做的？你們知不知道我這次賠了多少錢，把你們兩個的工資加在一起，五年也不夠賠的。我還要低聲下氣的向客戶道歉，我說得嘴都乾了人家才肯原諒我們，這樣下去，以後的生意做不做的了還不知⋯⋯」

　　老總一邊發洩怒火，一邊衝著兩個人指指點點。每當老總把目光指向國豪時，他總是看看老總，然後馬上把目光轉向 A 組組長，當然，也帶著憤怒。但當老總開始罵 A 組組長的時候，他總是頻頻點頭，承認自己的過失。

　　這件事總算是平息過去了，儘管 A 組的失誤給公司造成了嚴重的損失，但之後的幾個月，A 組以更加出色的表現彌補了這個過失。

　　沒過多久，公司的副經理位置空缺了下來，而老總也有意從公司內部挑選人才來做這個位置。國豪得知這個消息後，高興得幾天都睡不著覺，不用多說，憑資歷、業績和管理能力，

這個人選一定是非自己莫屬。

國豪沒有高興幾天，因為老總公布的結果出來了，新的副總經理人選並不是他，而是他的下屬 A 組組長。

原來老總在那件事情過後詳細的瞭解了具體情況，造成公司損失的最主要問題並不是 A 組組長，而是 A 組中一個普通成員的問題，但是 A 組組長能夠勇於承擔責任，而國豪卻先將自己撇清，把問題推給下屬，不能夠負起自己的責任。

套句老總的話說「既然你是這個部門的主管，你當得起其他人的上司，那麼你就要替他們承擔責任。而不是有功邀功，你洋洋得意，出問題了，你先撇清自己。」

當企業遇到危機時，不管這個問題是由誰造成的，領導者都應當首先承擔起責任，這是一個領導者所應該具備的基本素質。

誰都不喜歡忙得暈頭轉向，去做那些瑣碎的工作，當然，我們不能指望這些工作交給那些領了高額薪水的管理者來做，因為這樣似乎有些大「財」小用，他們需要完成更重要更有難度的工作。但是這並不意味著領導者不需要屈尊去做一些具體的工作——深入並融入到企業的營運當中，體會各個重要環節和細節的運作，以此來完成更好的執行工作。

## 執行決定勝敗

°°°°°°°°°°°°°°°°°°°°°°

　　也就是說，領導者必須對企業、所有的員工以及企業所生存的環境有一個非常全面和綜合的瞭解，而這個工作無人能代替。只有領導者對所掌管的事物整體有一個全面性的把握時，他才能進行一些戰略性的思考，給予員工遠景目標，將一些瑣碎的工作交給下屬去做。

　　也正因為如此，領導者們承擔了其他人無可替代的工作任務，他們也就必須對他們所掌管的一切事物負責。而其他人是無法代勞的。

### ◆ 實戰練習：領導者應該執行的七項責任

### ♠ 對企業和員工全盤掌握

　　一個領導者必須能夠切身實地的對企業的各項事務有所體驗，如果一個領導者不瞭解自己的企業是怎樣運作的，自己的員工每天都在忙些什麼，而只是透過下屬呈交的一大堆死板的文字或數字來得到資訊的話，他將永遠無法知道企業內部真實發生的事。因為那些看上去一板一眼的文字和數字不可避免的包含了撰寫人的喜好、情感等個人因素。

## ♠ 不要掩蓋事實真相

不管企業處於蒸蒸日上的日子，還是處在危機爆發的邊緣，都要堅持說真話，不要試圖掩蓋事實真相。當然，有些時候並不是領導者試圖向他人隱瞞，而是他們自己也在欺騙自己，他們寧願「不小心」溜過了那些不好的資料或現象，也不願承認在自己的領導下，企業正走向不可挽回的危機。

作為一個領導者，要擁有絕對權威的執行力，首先就要保證自己的想法和所有決定都是建立在事實的基礎之上，並且要保證組織中的所有談話和工作都把實事求是作為基準。惟有如此，才能夠保證企業不被謊言製造的危機而淹沒。

## ♠ 目標明確清晰

幾乎每個企業都有若干個發展的目標，但是過多的目標將使領導者的決策分散，同樣分散的還有公司資源。

這並不是說企業只能有一個目標，而是要在若干個目標中，明確一個主要目標。並且對於其他的目標，也應當有清晰的實現順序。分清先後，這樣才能夠保證目標在更有效率的執行中達成。

## 執行決定勝敗

○ ○ ○ ○ ○ ○ ○ ○ ○ ○ ○ ○ ○ ○ ○ ○ ○ ○ ○

### ♠ 隨時掌握情況

如果你沒能夠瞭解到員工們執行決定時的進度和任務完成情況的話，制訂再明確清晰的目標也是白費。

也許你們已經在某一個會議上商討出令公司蓬勃發展的計畫，但最終卻沒看到想要的結果，那是因為每個人都對計畫嘖嘖稱讚，但卻沒人願意動手執行。因此，有必要建立及時的執行機制，以保證對於員工的任何突破性或日常性的工作，管理者都能夠有所掌握。

### ♠ 一些激勵

沒有人希望整天忙忙碌碌的工作，大部分人都不會主動找事做，只要任務沒有交代到自己頭上，就儘管找一點點事顯示出瞎忙的狀態，畢竟例如影印、整理工具這些瑣碎的工作不需要耗費太多的腦力和體力。

也正因如此，很多老闆都樂於看到公司裡一片忙忙碌碌的「繁榮」景象，但效果卻永遠無法表現在公司的業績上。所以，建立一個能夠激勵員工主動工作的機制就十分重要。甚至這樣的機制在嚴格一些，就可以把那些隨波逐流但卻毫無貢獻的人驅逐「出境」。

### ♠ 員工的能力和素質也很重要

不要認為員工只需要任由領導者的擺佈，事實上，員工的能力和素質高低對整個公司也將產生巨大的影響。發號施令的人始終無法一一參與到具體的工作中，他們只需要制定長遠和短期的策略，監督下屬的工作，在出現問題時尋找解決的辦法。而支撐公司日常工作始終還是那些看上去微不足道的員工。

### ♠ 認真地瞭解自己

瞭解自己，這並不是類似做心理測驗這樣的簡單遊戲，在企業管理的過程中，一個領導需要充分的瞭解自己，才能知道自己能夠為企業帶來多少貢獻。你是否具有強韌的性格？在任何人任何事的面前，你是否能夠坦誠的面對他人面對自己？你是否具有一定的凝聚力？你是否能夠公正的處理每一件事？……

透過類似這樣的問題認真地瞭解自己，幫助自己修正在管理中的不足，也能夠幫助你果斷的處理在各種大小危機中的事務。

# CHAPTER ⑥

# 聰明人不會
# 一錯再錯

危機面前，人人平等，能做能想的只有儘快的擺平危機。但是當危機沒有發生的時候，不同的做法卻能導致截然不同的結果：有些人會從上一次的危機或是在別人身上發生的危機中吸取教訓，小心翼翼地對待類似事件，甚至可以舉一反三，於是他們可以安然地說「從此以後危機別來煩我」這樣的話；而有些人在剛剛解決了危機後，便會像洩了氣的氣球一樣，長呼出一口氣，然後給自己的心理上放了長假，直到下一次危機（有可能是同樣的危機）突然來襲。

聰明的人會採取第一種做法，不會一錯再錯，也不會允許別人類似的錯發生在自己身上。

# 1.
# 完善我的
# 「危機資料庫」

　　一旦企業能夠牢固地樹立危機意識，在想到攫取更多的利潤之前先想到企業可能面臨什麼樣的危機，應當如何解決這樣的危機，便能夠在危機來臨時仍能夠立於不敗之地。


　　由美國的次貸風暴引發席捲全球的金融危機並不是一個突如其來的噩夢，事實上，很多經濟學家早已為 2008 年的經濟亮出了紅色警報。

## 聰明人不會一錯再錯

　　在這樣一場集金融、食品安全、能源等眾多方面於一體的大危機中，有些企業不得不沉痛的離開這個競爭激烈的「鬥爭場」，而也有一些企業能夠仍然保持蒸蒸日上的氣勢。這樣兩極化的局面，一方面與企業經營的行業和規模有關，另一方面又不能不將其歸因為企業本身的風險意識。

　　似乎任何人都清楚，經濟的增長不是一成不變的，而是呈現出一種類似於週期性的發展變化規律。因此，即使今天我們能夠得到的還是一個高額成長的數字，誰都不能保證下一次每個人能夠看到的經濟成長會不會是一個負數的結果。這是因為經濟週期並不是標準的波動曲線──它不會通知你什麼時候會呈現上升趨勢，或到了某一點便會下降。

　　在這樣變化多端的經濟環境下，企業的日子也不會好過。不管是規模龐大的跨國公司，還是只有一間辦公室的小企業，都不可避免地受到大環境的影響。因此，每個企業都應當具有危機意識，而每個人也都應當保持警惕，防範風險。

　　儘管都說「亡羊補牢，猶未晚也」，但不能總等到亡羊的時候再去補牢，因為也許已經失去的那幾隻羊正是最昂貴的。為了避免丟掉重要的財寶、資源……，三不五時地檢查防範就顯得十分必要。看看羊圈有沒有破損，或者有沒有破損的趨勢，

除此以外，還應當做好各種準備，包括重要的「羊」丟掉後應當怎樣補救的準備。

一封平常不過的簡訊就能夠引起一家銀行的倒閉危機，你相信嗎？這可是確確實實發生過的事。

2008 年的 9 月 24、25 兩日，是東亞銀行最難熬的兩天。

由於受到美國金融危機的影響，全世界的金融機構都受到了大小不一的影響。而東亞銀行也成了謠言中的受害者。9 月 18 日，一則消息為東亞銀行引來了「殺身之禍」——交易員違規操作金融產品虧損近億。這樣的消息肯定會動搖人們對東亞銀行的信心。

誰知道禍不單行，23 日就傳出了東亞銀行面臨倒閉的消息。這條消息竟然是透過手機簡訊的方式，一傳十、十傳百，廣泛流傳開來的。簡訊中聲稱東亞銀行受到了雷曼兄弟控股公司破產的影響，正瀕於倒閉的邊緣。

就算消息是假的，人們也不願意冒這個險而繼續將錢存放在東亞銀行中，於是人們紛紛搶佔了附近的東亞銀行的據點，成千上百的香港市民排起了長龍般的隊伍，等待將自己的存款取出。受此影響，東亞銀行當日下午開市後股價更是一度狂跌了 11％。這似乎讓人看不到一點兒希望。擠兌事件頓時成為東

## 聰明人不會一錯再錯

○○○○○○○○○○○○○○○○○○

亞銀行上上下下的緊急事件。

　　任何一家銀行，如果沒有存款來源將如何生存？擠兌事件可以列為銀行業的頭號危機事件。面對這樣嚴重的局面，東亞銀行立即展開了應急措施：從拜訪金管局等金融機構，到召開記者招待會澄清，再到最後徹底解決此次危機，經歷了既漫長又短暫的 48 小時，而在這 48 小時內，一切營救行動都在有條不紊的節奏中展開。

　　難道東亞銀行的領導者並不為此心急如焚嗎？當然不是。只不過他們能夠有條不紊的行動，完全歸功於在銀行建立時制定的「突發事件應急管理辦法」，而在這個辦法中，首先列出來的就是「擠兌事件」。在這個應急辦法中，將發生擠兌事件後應當怎樣處理一一列明。正因為如此，東亞銀行才能夠在第一時間以最妥善的方式處理了危機，轉危為安。

　　可見，一旦企業能夠牢固地樹立危機意識，在想到攫取更多的利潤之前先想到企業可能面臨什麼樣的危機，應當如何解決這樣的危機，即建立和完善「危機資料庫」，便能夠在危機來臨時仍能夠立於不敗之地。

**◆ 實戰練習：如何完善企業的危機資料庫**

在建立企業危機資料庫時，可以按照不同的分類方式，將危機的來源分門別類，然後標示其他行業對企業所在行業的影響，這樣就能夠在任何市場的風吹草動中，準確地把握方向，嗅出危機是否正在步步襲來。

以食品加工公司為例，對其可能產生重要影響的行業有：

原物料所在行業（農業）

食品外包裝所在行業

……

而市場的變化對食品加工公司的影響則表現在：經濟不景氣時，消費市場緊縮，人們會集中更多的財力在必需品的消費上，因此，如果這家食品加工公司所經營的是類似於大米、麵粉一類的生活必需食品的話，就會受到較小的影響；而如果這家公司加工的是一些價格昂貴的奢侈食品，那麼它所受到的影響就較大。

另外，這家企業還可能受到內部制度的影響，例如人力資源危機、財務危機等等。

根據這樣的思考，我們可以看到，建立「危機資料庫」的基本步驟是：

## 聰明人不會一錯再錯

○ ○ ○ ○ ○ ○ ○ ○ ○ ○ ○ ○ ○ ○ ○ ○ ○ ○ ○

1、瞭解企業本身的行業、經營特色。瞭解企業內部問題。

2、其他行業對自身的影響，可以按照影響的程度劃分星級，以便將更多的注意力放在影響較大的行業上。

3、市場整體環境對企業的影響。

根據不同的分類方式，可以建立不同類型的危機資料庫：

| 按照部門劃分 | 按照行業劃分 | 按照危機產生的原因劃分 |
|:---:|:---:|:---:|
| 採購 | IT | 文化風俗 |
| 生產 | 通訊 | 消費者習慣 |
| 銷售 | 家電 | 領導能力 |
| 服務 | 健康 | 勞資糾紛 |
| 管理 | 食品 | 人員流動 |
| 品牌 | 醫藥 | 假冒盜版 |
| …… | 服務 | 產品品質 |
| | 休閒 | 財務醜聞 |
| | 健身 | 客戶關係 |
| | 工業 | 不良競爭 |
| | 其他 | 政治因素 |
| | …… | 環境污染 |
| | | 社會宏觀環境變動 |
| | | …… |

# 2.
# 零件壞了，就換掉

該換則換，這才是使個人和企業遠離危機的最好做法。

節約是個不錯的習慣，尤其在當前的情勢下，人們都知道開源節流的重要性。生活中，幾乎每個人都有節約的經歷。對於爛掉一塊的水果，應當如何節約？大部分的人都會將爛掉的地方切掉，然後安然享用剩餘的部分。殊不知這樣做卻潛藏危機。

根據研究顯示：微生物，尤其是各種真菌，在水果中的繁殖速度極快，並且在它們繁殖的過程中，還會產生大量的有毒

## 聰明人不會一錯再錯

○ ○ ○ ○ ○ ○ ○ ○ ○ ○ ○ ○ ○ ○ ○ ○ ○

物質。而當人們吃了切掉爛掉部分的水果時,看上去完好無損的部分也潛藏著部分有毒物質。而這些有毒物質就會在人體內積累,經常吃這樣的水果,毒素就會越積越多,對人體健康造成嚴重威脅,產生頭暈頭痛、噁心、嘔吐、腹脹等現象,嚴重的還會發生中風、昏迷,危及生命。

所以,在水果上即使是很小的斑點或者傷口,也一定不能客氣,正確的處理方法是切除周圍至少一公分的好果部分。如果一個水果的 1/3 都遭到了嚴重「破壞」,就應當果斷棄之。

看起來一小塊不起眼的傷疤,就算切掉了也會對人體健康產生影響。更何況為了節約勉強保留呢,恐怕食物中毒都有可能發生的。

這種顯而易見的危機誰都能避免,但是如果這種爛掉的部分是出現在一個企業中,就很難把它挖出來,即便發現了,領導者也少有魄力將其剷除。而傑克·韋爾許就是一個極富魄力的領導者。

通用電子之所以能夠保持世界領先地位而不被超越,在於它始終能夠適應時代發展的步伐,而不斷的變革成為通用電子能夠適應市場甚至超越市場的主要手段之一。

在通用電子的變革中,傑克·韋爾許立下了汗馬功勞。

　　當韋爾許接手通用電子的時候，該公司正處在巔峰時期。作為美國最強大的公司之一，通用電子的發展道路似乎一帆風順，不但公司內部「一團和氣」，看上去沒有任何弊端，就連外界的壓力和危機也似乎不願意找通用電子的麻煩。

　　這看上去是最容易的事，只要按照現在的做法繼續下去，就能夠輕鬆掌握通用電子的發展脈搏。但韋爾許並不是這樣想的，他將通用電子置於「全球性經濟環境」的角度上去考察。

　　儘管現在的企業看上去春風得意，誰都不知道下個世紀會發生什麼。為了保持領先地位，就要提早做好準備。為了千禧年之後的競爭做準備，這應當成為領導者，甚至每一個員工應當考慮的問題。

　　為了使公司變得更有競爭力，韋爾許做出了一個驚人的決定：放棄通用的家電事業。當聽到這一消息時，通用的員工無不為之震撼，他們簡直不能相信這個新的領導人怎能做出這樣「荒謬」的決定？

　　家電事業是通用電子的根基，也是通用集團所有業務最核心的部分。在美國，幾乎每個家庭都能找到通用製造的小家電，從 1905 年就開始製造的烤麵包機，到大大小小的家用電器，類似於吹風機、咖啡壺、榨汁機等等。

## 聰明人不會一錯再錯

○ ○ ○ ○ ○ ○ ○ ○ ○ ○ ○ ○ ○ ○ ○ ○ ○ ○

　　這些一度被視為美國「現代」家庭標誌的小電器為通用帶來巨額的利潤，也稱為將通用和美國消費者連接在一起的關鍵。放棄家電事業，不如說讓公司宣佈破產倒閉。

　　這樣的道理就連公司最普通的員工都能分析得頭頭是道，這位領導者如果不是對方派來打亂通用計畫的「敵對者」，就是被眼前大好的形式沖昏了頭。

　　但是韋爾許認為通用不應當成為「還過得去」的企業，而是要成為一個強者。如果企業沿著現在的路線繼續發展下去，也許它還能保持這樣旺盛的姿態，成為一個「還過得去」的企業，但是絕對不可能成為一個強者。

　　為了創造企業的輝煌，必須有所取捨。家用電器的確為通用帶來利潤，成就了通用的霸主地位，但在 21 世紀，能夠為通用集團帶來更壯大發展的，絕不是麵包機的生產，而是更大型、更先進的機器例如 CAT 掃描器、飛機的發動機一類的產品。

　　當然，公司可以一邊生產原有的小家電，一邊開發更為大型的電器。但這樣分散的精力，將使通用一事無成。小家電的生產已經不能再成為發展的主流，儘管他曾經立下了汗馬功勞，但這個零件一旦成為整個機器的拖累，那就要換掉。因此，通用集團拋棄了小家電事業部。

經過韋爾許的一系列重組，通用電子煥發出了新的生機和活力。在他擔任這工作的二十年間，他將 GE 轉換成有創意、生氣蓬勃的能源公司，並且讓公司市值從 130 億，成長到 5 千億。

對於陳舊的用品、傢俱，抱著節約的態度繼續使用，這看上去並不傷大雅。但在某些情況下，壞了的東西就不應該繼續使用，壞掉的結構制度就不應該沿用下去。該換則換，這才是使個人和企業遠離危機的最好做法。

# 3.
# 你永遠無法逃避危機

*最大的危機是看不到危機。*

## ◆ 危機——如影隨形

很少有人能夠安安穩穩的度過一生，而不面臨到任何危機。無論是悠閒的在馬路上行走，還是匆匆駕車趕往目的地；無論是在安全措施齊全的大樓生活工作，還是在郊外、森林休閒探險的人；無論是作為小職員在競爭激烈的職場中掙扎，還是手握生殺大權決定一個公司的命運。

無論是正在追求真愛的過程中，還是已經擁有美滿幸福的家庭。

......

在生活工作的各個方面，人們都無法避免危機的襲擊。 對於個人如此，對於一個組織、一家企業來說，危機同樣是個不請自來的麻煩傢伙，尤其在市場競爭激烈的環境中。

然而企業中能夠發生的危機並非都是突如其來的，大部分的企業危機都是問題累積，由量變引發質變的結果。

在企業的逐利過程中，不能忽視收益與風險的正比關係，當企業為了追逐更多的利潤而不得不承受巨大風險時，也不可避免的要準備接受危機的洗禮。內外部環境的不確定常常為企業帶來困擾。

並非企業的規模越大，抗打擊能力就越強，事實上，在世界 500 大企業中，每經過一個 10 年，就會有 1/3 的企業消失在這份長長的名單中，而有 1/5 甚至直接在市場中消失。

因此，儘管人們不願去面對，但卻不得不承認，危機無處不在，如影隨形！

### ◆ 危機定律──生於憂患，死於安樂

面對著一隻猛獸，或者在荊棘密佈的沼澤中行進，這看上去似乎是最危險的情況，但即使身處這樣的艱難境地，只要能夠保持冷靜並積極尋找對策，一樣能夠「輕鬆」的解決問題。

## 聰明人不會一錯再錯

○○○○○○○○○○○○○○○○○○○○

我們再來看看漆黑一片的情況下在家中的情形，家是再熟悉不過的地方，但如果遇到漆黑一片的狀況，也同樣會撞到某個尖物，或是被掉下來的東西砸到……危險的狀況還是很多。

在艱難的環境和輕鬆的環境中，前者更容易使人保持警惕，而後者卻讓人大意疏忽，也就更容易在發生危機時手足無措。

最大的危機是看不到危機。如果你感受不到任何壓力，就會不自覺地放鬆，當真正遇到問題時，就會一時間手足無措。相反，如果能夠感受到壓力的存在，就能夠為自己爭取到一種積極的力量，這樣的力量能夠使人不斷地尋求應對措施，往往能在危機還沒有爆發時將其扼殺掉，或者在危機剛剛露出苗頭時將其消除、化解。

那些因為一點點小問題就會引發一連串危機的事件，往往就是不能及時預料事態發展的嚴重，或者過度放鬆的結果。

正所謂「生於憂患，死於安樂」，在管理學上有則著名的「青蛙寓言」說的就是這樣的道理，只有感覺到危機的存在，才能夠拼命的擺脫危機，而如果安於現狀，就會成為在「冷水」中燙死的「安樂死」青蛙。

### ◆ 大自然的啟示──危機意識，適者生存

大自然本身是一個寶貴的資源，它不僅給我們提供了衣食住行，滿足人們對於物質和某些精神的需要，還為人類提供了生存和發展的真理。有些時候，人類雖然自稱為最高級的生物，但也不得不向那些簡單的動物學習學習。

睡覺是所有生物休息的方式，但並不是所有的動物都能夠在休息的時候保持平靜，很多動物在睡覺的同時還一直保持著防守狀態。

章魚在睡覺的時候就會捲起觸手，但他會伸出兩隻觸手保持活動狀態，如果牠們感受到不明物體襲來，其他的觸手便會立刻清醒，一起做好戰鬥的準備；

大象為了防止敵人的突然來襲，只好犧牲睡眠時間，那麼大的龐然大物每天只需要休息二到三個小時，當然還有比牠們睡的更少的，羚羊為了保持生存，每天只能睡一個小時；

海豚擁有更先進的防守方式，牠們在睡覺的時候只休息半個大腦，另外半個大腦繼續保持工作。

……

動物們擁有千奇百怪的睡覺方式，而這無非是表現了牠們的危機意識。如果牠們不能夠對抗突如其來的襲擊，就會被吃

## 聰明人不會一錯再錯

◦◦◦◦◦◦◦◦◦◦◦◦◦◦◦◦◦◦◦◦

掉，也會面臨物種滅絕的危機。因此，在大自然的食物鏈中能夠生存至今的動物，都有著各自的看家本領。

動物能夠主動感受危機的存在並且以最好的方式保護自己，而很多人類卻做不到這點。

在創業之初的企業往往能夠打起十二分精神，開拓市場，對抗任何市場變化，主動追求創新和變革。一旦企業擁有了一定的市場佔有率，變得穩定下來，企業就會安然自得，失去了察覺市場變化的能力，完全沒有危機意識。最後被弱小的對手打敗。

因此，如果企業想要在變化中求得生存和發展，就不能不心存危機，並且要在企業內部製造危機的氛圍。讓組成企業的所有個體都能夠感受到危機即將來襲的波濤洶湧。惟有如此，每個人才能夠拿出競爭和創新意識，不是承受危機，而是給其他對手製造危機。

而這也是很多知名企業的做法，著名的微軟公司總是把「微軟離破產只有180天。」這樣令員工驚悚的話當作口號，目的就是要把「危機意識」作為微軟企業文化中的一部分，將「危機意識」深深植入每個員工的心底。

在這個充滿競爭和淘汰的年代，危機是不容忽視也不能迴

避的問題，但只要保持足夠的警惕性，感受危機的存在並且主動出擊，抓住一切危機的弱點，就能夠永遠保持蓬勃「生機」！

Better safe
than sorry

聰明人不會一錯再錯

○○○○○○○○○○○○○○○○○○○

# 4.
# 人力資源危機

　　人力資源是支撐企業發展的最主要元素，人力資源危機對企業來說是一種災難性的危機。

　　一個企業最寶貴的資源就是人力資源，不管是企業的生存能力、創新能力，還是發展潛力，都是由人決定的。因此，人力資源就是企業的生命力。一旦人力資源發生危機，企業就會面臨生存與否的威脅。

　　不是外患，而是「內憂」導致了全球第二大航空公司United Airlines 的終結。這個在《財富》2000 年度全球 500 大企業排名中，名列第 245 位，銷售收入達 180.27 億美元的航空

巨頭，由於受到人力資源危機的拖累，最終難逃破產的厄運。

「911」恐怖襲擊喚起了全世界的危機意識，而因此直接遭受嚴重影響的就是航運業，美聯航空也不可避免的遭受到這一外部威脅，於是這樣一個原本實力雄厚的世界 500 強，變成了一個每天損失數百萬美元的奮力掙扎苦撐的企業。

而儘管公司縮小了服務規模試圖改變虧損的狀況，但情況依然沒有好轉，虧損的局面更是進一步擴大，到了 2001 年年底，甚至達到了每天 1500 萬美元的損失。

無論如何，這樣繼續下去，企業無法生存的，管理者不得不採取措施以減少虧損。於是，精簡人員這種最為常見的方式也出現在美聯航的戰略中。而公司提出的裁員數字讓人為之驚訝—— 2 萬人，儘管如此，公司仍然沒辦法擺脫困境，虧損仍是每天都有。

美聯航不得不向銀行貸款以確保公司正常運營。為了避免公司陷入破產的危機，美聯航的 2.4 萬名員工同意減薪，如果公司的所有雇員都能夠同意這一協定，並且為美聯航節省 4.12 億美元的薪水成本，公司便能夠得到來自銀行的 18 億美元的貸款。

在所有的其他雇員都對此項協議表示妥協後（破產帶給雇

## 聰明人不會一錯再錯

○ ○ ○ ○ ○ ○ ○ ○ ○ ○ ○ ○ ○ ○ ○ ○ ○ ○

員的威脅遠比減薪更強烈），管理層只需要得到機械師工會的承諾。這是美聯航能否生存下去的關鍵所在，然而由於這一年來公司與機械師們的關係並不和睦，事實上，他們一直就加減薪資的問題爭論不休，公司對於機械師的苛刻要求使得機械師們一度以罷工表示抗議。

由於機械師們跟公司之間最終沒能達成一致，銀行也隨之拒絕了美聯航貸款的申請。

2002 年 12 月 9 日，美聯航正式提出破產保護申請，而美聯航的破產也成為美國有史以來最大的一起航空破產案。

美聯航的破產並不是必然，而是由一系列的員工危機所引發的。在得到了其他員工的支持後，美聯航如果能夠妥善的處理機械師這一群關鍵人物，並同樣得到他們的支持的話，或許就能夠度過暫時的危機，轉危為安了。

### ◆ 實戰練習：人的危機，怎樣解決？

人力資源危機絕不是一蹴而就的，而是在企業日常的經營過程中不斷累積的。尤其當企業遇到一些不利的突發事件時，更容易將外部矛盾轉化為內部矛盾，成為人力資源危機的導火線。人力資源是支撐企業發展的最主要元素，人力資源危機對

企業來說是一種災難性的危機。因此，更應當掌握預防和處理人力資源危機的方法。

| 危機類型 | 企業文化危機 | 人力資源過剩危機 | 人力資源短缺危機 |
|---|---|---|---|
| 危機描述 | 企業不具備種凝聚力、核心價值觀，使得所有員工能夠與企業共進退。相反，員工對企業的存在和價值不認同，各自打著各自的小算盤。因此可能導致嚴重的突發事件，例如高層腐敗或醜聞；核心人才跳槽；員工集體罷工；企業機密洩漏等等。 | 按照經濟學的供需原理，人力資源過剩和短缺危機都是企業人才需求與供給的不平衡所造成的。而過剩危機主要是由三種情況造成的：1. 並購產生的人員富餘。2. 企業效益不佳或縮減規模導致的人員剩餘。3. 戰略與實際不符，高戰略下的大量冗員。 | 主要表現為兩種形式：1. 數量結構性短缺，某些職位的核心人才缺乏；2. 現有人力資源的素質滿足不了企業未來發展的戰略需要。這兩種表現的危機必然導致企業無法正常展開經營戰略而貽誤先機，或因人才匱乏戰略實施不成。 |

| 危機類型 | 企業文化危機 | 人力資源過剩危機 | 人力資源短缺危機 |
|---|---|---|---|
| 如何解決 | 職業道德的培養以及建設職業行為是有效解決這一危機的主要方法之一。除此之外，還應當不斷完善企業的核心價值觀，並將其植根於員工之中，可以透過融入員工中提供的先進理念來達成目的，這樣能夠更好地將其落實到員工的思想和行為當中。 | 企業應當制定與企業目前狀況相當的經營戰略，避免不切實際的幻想。在發生效益不佳或並購狀況時，應當將重點放在留住核心人才上。在裁員時也要注意公正和果斷，避免在裁員過程中產生不良影響，以及縮短「人心惶惶」的時間。 | 對於結構性的短缺危機，應當在事前做好人才供應的準備，尋找和培養核心人才，避免「書到用時方恨少」的危機；而對於人才素質造成的危機。在人才招聘階段，就應當考慮到其是否具備未來多種發展的可能性，而在企業日常的運作過程中，更應當重視對員工的素質培養。 |

# 5.
# 客戶流失危機

在保證滿足老客戶的基礎上再去開發新客戶資源。

　　透過老客戶推薦的新客戶公司自己發展得更多。以成本來比較,發展一位新客戶比挽留一個老客戶多 2 — 9 倍。拿出 5% 的關懷在客戶上,企業的利潤就能夠雙倍增加。推銷新產品,對於一個新客戶來說有 15% 的成功機率,而這個機率對於老客戶卻可以達到 50%。

　　客戶與企業利潤的關係成正比:客戶忠誠率降低,企業利潤會下降更多的百分比;相反,如果客戶與企業的關係保持率增加,企業利潤也會成倍的增長。

## 聰明人不會一錯再錯

○○○○○○○○○○○○○○○○○○○○

......

老客戶對於企業的重要性透過上面的幾條資料和文字就可以表現出來。這給那些客戶流失嚴重的企業一些警惕。

陳先生是一家醫療器材公司的經理，在職場打拼這麼多年，他深知「客戶就是上帝」的道理並對此深信不已。因此，每次在教育員工時，他總會反覆的提醒員工應當拿出全部的熱情來對待客戶。

原則上，陳經理的下屬對待客戶的確很熱情，他們積極地回答客戶的各種問題、耐心的解釋教導、反覆的操作⋯⋯，儘管如此，陳經理還是對公司利潤很不滿意。

每次聽到下屬對於近期工作的彙報，他都會滿意的頻頻點頭，因為他會看到下屬遞上來一長串新客戶的名單以及詳細資料。

但每次看到財務的報告時，陳經理就不那麼樂觀了，為什麼利潤沒有因為新客戶的增多而有所增加呢？

當他看到幾封來自客戶的投訴時，陳經理完全明白了。儘管公司爭取了很多新客戶，但老客戶也在不斷流失。由於客戶們得不到很好的售後服務，使得退貨的事情也時有發生。

經過仔細的調查，陳經理發現問題出現在人手調配上，為

了開拓市場，公司大部分員工都被分配在行銷部門，而每個人也都在竭盡全力地爭取新客戶，但在客戶服務部門的人手卻少得可憐。

原本以為公司產品品質一流，絕不會頻頻出現品質問題，但售後服務並不只有「維修」這一項，很多老年人在購買了醫療器材後，經常忘記應該怎樣操作，所以需要公司派人手到客戶家中提供協助。但由於該部門人手少，儘管每個人都忙得團團轉，仍然無法滿足全部客戶的需要。

在等待了幾個星期，甚至幾個月後仍然看不到這家公司的客服人員下，客戶們只好選擇投訴或者要求退貨。

看到這個情況，陳經理幾乎嚇出了一身冷汗，如果不是早點發現了這個問題，恐怕公司將會面臨嚴重的客戶流失危機。於是陳經理及時的從行銷部門調配人手，在保證滿足老客戶的基礎上再去開發新客戶資源。不僅如此，對於那些提出投訴以及等待很久的客戶，陳經理也親自登門或者致電道歉。

就這樣，陳經理及時的挽回了即將流失的客戶，而公司利潤也如陳經理期盼的那樣正在節節攀昇。

## 聰明人不會一錯再錯

○ ○ ○ ○ ○ ○ ○ ○ ○ ○ ○ ○ ○ ○ ○ ○ ○ ○ ○

### ✦ 實戰練習：如何堵住客戶流失這個洞

開發新客戶固然重要，但如果將精神集中在開發新客戶，而不去管老客戶的話，對企業來說是更嚴重的損失。避免客戶流失的危機，這對企業來說極其重要。客戶流失多是由於什麼原因引起的，又如何解決呢？

| 客戶流失的原因 | 解決客戶流失的對策 |
|---|---|
| **產品品質得不到保障**<br>公司的業務人員說得天花亂墜，也要得到產品的支援，如果產品爛到一塌糊塗，就算有再多的贈品和優惠條件也沒辦法挽留客戶。 | **嚴守產品品質**<br>產品的品質不但要過關、優質，還要穩定，讓客戶覺得有保障。從樣品到每一次的貨品都要保證穩定的品質，這樣才能夠贏得客戶的信賴。 |
| **產品一成不變**<br>有些公司的產品總是保持原來的樣式、功能等。<br>儘管「始終如一」，但時間久了就會讓客戶覺得缺乏新鮮感。而客戶也會被其他公司的創新產品所吸引，「移情別戀」就在所難免。 | **主動創新**<br>創新成就了企業的生存能力，要牢牢地抓住客戶，不但要保證產品的品質，還要保證產品的先進性。<br>只有那些走在市場前端的產品才能夠加深老客戶的忠誠度，同時吸引新的客戶源源不斷的湧來。 |

| 客戶流失的原因 | 解決客戶流失的對策 |
| --- | --- |
| **服務態度差**<br>出售產品時，很多員工都能奉行「客戶就是上帝」的原則；一旦產品到了客戶手中，就與自己無關，態度傲慢、工作效率低下，讓很多客戶無法忍受，這樣怎能保證客戶還會再來第二次呢？ | **客戶就是上帝**<br>樹立「客戶至上」的服務意識，不僅僅在銷售階段，而是應當貫穿到銷售→售後服務的各個環節，只要客戶有需要，就要盡一切可能幫助客戶解決問題，這樣才能真正贏得客戶。 |
| **員工跳槽帶走的客戶**<br>稍微具備一定規模的公司，其客戶資源多半是由員工帶來的，而客戶的詳細資料（包括非書面資料）也都掌握在員工手中，一旦員工跳槽，帶走其所掌握的客戶也是理所當然的結果。 | **企業充分瞭解客戶**<br>員工能夠將客戶帶走追根究底還是企業對客戶的瞭解程度不夠，缺乏與客戶的深入溝通和聯繫，而是一味的將這種關係的建立全權得交給員工。<br>因此，要防止客戶流失，還應當加強企業與客戶的直接對話。 |

# 永續圖書
## 線上購物網

# www.foreverbooks.com.tw

◆ 加入會員即享活動及會員折扣。

◆ 每月均有優惠活動，期期不同。

◆ 新加入會員三天內訂購書籍不限本數金額，

　即贈送精選書籍一本。（依網站標示為主）

專業圖書發行、書局經銷、圖書出版

永續圖書總代理：

五觀藝術出版社、培育文化、棋茵出版社、達觀出版社、
可道書坊、白橡文化、大拓文化、讀品文化、雅典文化、
知音人文化、手藝家出版社、璞珅文化、智學堂文化、語
言鳥文化

**活動期內，永續圖書將保留變更或終止該活動之權利及最終決定權。**

永續圖書線上購物網　讀品文化事業有限公司

WWW.foreverbooks.com.tw　　　　　　　　　yungjiuh@ms45.hinet.net

全方位學習系列　73

# 隨時要為最壞的狀況做準備

| | |
|---|---|
| 作　　者 | 吳麗娜 |
| 出 版 者 | 讀品文化事業有限公司 |
| 執行編輯 | 賴美君 |
| 美術編輯 | 林鈺恆 |
| 內文排版 | 姚恩涵 |

| | |
|---|---|
| 總 經 銷 | 永續圖書有限公司 |
| | TEL／(02)86473663 |
| | FAX／(02)86473660 |
| 劃撥帳號 | 18669219 |
| 地　　址 | 22103　新北市汐止區大同路三段 194 號 9 樓之 1 |
| | TEL／(02)86473663 |
| | FAX／(02)86473660 |
| 出 版 日 | 2019年10月 |

| | |
|---|---|
| 法律顧問 | 方圓法律事務所　涂成樞律師 |
| CVS代理 | 美璟文化有限公司 |
| | TEL／(02)27239968 |
| | FAX／(02)27239668 |

國家圖書館出版品預行編目資料

　　隨時要為最壞的狀況做準備 / 吳麗娜著.
-- 二版. -- 新北市：讀品文化，民108.10
　　面；　公分. -- (全方位學習系列；73)
　　　ISBN 978-986-453-107-3(平裝)

　　　　　1.危機管理

494　　　　　　　　　　　　　108013647

▶ **隨時要為最壞的狀況做準備** （讀品讀者回函卡）

■ 謝謝您購買本書，請詳細填寫本卡各欄後寄回，我們每月將抽選一百名回函讀者寄出精美禮物，並享有生日當月購書優惠！
想知道更多更即時的消息，請搜尋 "永續圖書粉絲團"

■ 您也可以使用傳真或是掃描圖檔寄回公司信箱，謝謝。

傳真電話：（02）8647-3660　　信箱：yungjiuh@ms45.hinet.net

◆ 姓名：　　　　　　　　　　□男　□女　　　　□單身　□已婚

◆ 生日：　　　　　　　　　　□非會員　　　　□已是會員

◆ E-Mail：　　　　　　　　　　電話：（ ）

◆ 地址：

◆ 學歷：□高中及以下　□專科或大學　□研究所以上　□其他

◆ 職業：□學生　□資訊　□製造　□行銷　□服務　□金融
　　　　□傳播　□公教　□軍警　□自由　□家管　□其他

◆ 閱讀嗜好：□兩性　□心理　□勵志　□傳記　□文學　□健康
　　　　　　□財經　□企管　□行銷　□休閒　□小說　□其他

◆ 您平均一年購書：□5本以下　□6～10本　□11～20
　　　　　　　　　□21～30本以下　□30本以上

◆ 購買此書的金額：

◆ 購自：　　　　　市(縣)
　　□連鎖書店　□一般書局　□量販店　□超商　□書展
　　□郵購　□網路訂購　□其他

◆ 您購買此書的原因：□書名　□作者　□內容　□封面
　　　　　　　　　　□版面設計　□其他

◆ 建議改進：□內容　□封面　□版面設計　□其他
　　您的建議：

221-03
新北市汐止區大同路三段 194 號 9 樓之 1
## 讀品文化事業有限公司　　收

電話/(02)8647-3663 傳真/(02)8647-3660
劃撥帳號/18669219　永續圖書有限公司

請沿此虛線對折免貼郵票或以傳真、掃描方式寄回本公司，謝謝！

讀好書品嚐人生的美味

## 隨時要為最壞的狀況做準備